附　　图

杨梅基地

临海市万亩东魁杨梅基地

部级杨梅良种繁育基地（朱敏华提供）

部分杨梅品种

东魁杨梅　　荸荠种

丁岙梅　　早大梅

黑晶　　早野

大叶早　　王子安海　　黑瑞林　　荔枝梅

杨梅雌雄花

雌雄同朵　　　　　　　　　　　雌雄同枝

杨梅雄株　　　　　　　　　　　杨梅雄花

雄株谢花后腋叶长出雌花序开花结果　　　　　雄株结果

杨梅育苗

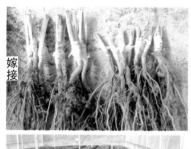

嫁接

控根容器培育大苗

美植袋培育小苗

杨梅露地大苗繁育

杨梅高接

杨梅高接后

控根限域栽培

6 年生荸荠种挂果状

成片 6 年生荸荠种挂果状

7 年生乌紫梅挂果状

5 年生王子安海挂果状

4 年生硬丝挂果状

丁岙梅挂果状

整形修剪

疏散分层形（荸荠种）丰产状　　　自然园头形（东魁）丰产状

自然开心形（东魁）丰产状　　　外疏内密、凹凸树形（初投产树拉枝）

先放后理（6年生早荠）挂果状　　　不合理的整形（伞形结构）

绿色防控

毒饵诱杀（朱敏华提供）

黄板诱杀

竹架防虫帐

钢架防虫帐

太阳能杀虫灯诱杀

振频式杀虫灯诱杀

设施栽培

大棚网室栽培　　　　　单株防虫帐　　　　　避雨栽培

地膜覆盖　　　　药肥水一体化　　　　药肥水一体化
　　　　　　　　　　水池　　　　　　　　小配药池

药肥水一体化　　　药肥水一体化　　　药肥水一体化
　大配药池　　　　　输水管道　　　　　喷药

凋萎病发病状

黄化落叶型
（叶痕处长出白色霉状物）

青枯型

枯梢型

树皮纵裂型

树体死亡前

树体死亡

杨梅安全优质丰产高效生产技术

颜丽菊 编著

中国农业科学技术出版社

图书在版编目（CIP）数据

杨梅安全优质丰产高效生产技术／颜丽菊编著 . —北京：中国
农业科学技术出版社，2014. 7

ISBN 978－7－5116－1745－3

Ⅰ.①杨…　Ⅱ.①颜…　Ⅲ.①杨梅－果树园艺　Ⅳ.①S667.6

中国版本图书馆 CIP 数据核字（2014）第 145330 号

责任编辑	白姗姗
责任校对	贾晓红
出 版 者	中国农业科学技术出版社
	北京市中关村南大街 12 号　邮编：100081
电　　话	(010)82106638(编辑室) (010)82106624(发行部)
	(010)82109709(读者服务部)
传　　真	(010)82106650
网　　址	http://www.castp.cn
经 销 者	各地新华书店
印 刷 者	北京富泰印刷有限责任公司
开　　本	880mm×1 230mm　1/32
印　　张	5. 625　彩插　14 面
字　　数	152 千字
版　　次	2014 年 7 月第 1 版　2016 年 7 月第 3 次印刷
定　　价	25. 00 元

前　言

　　杨梅原产我国，是我国南方特有果树，主要分布在长江流域以南、海南岛以北，分布区域性强，营养、药用兼备，无论在国内、国际市场都极具竞争力，特别是果大、色艳、品质优的东魁和荸荠种杨梅等深受国内外市场青睐，产品畅销国内各大中城市，且远销中国香港、中国台湾及法国、美国、加拿大等地。近十年来，国内价格连年攀升，供不应求，临海优质东魁杨梅达到40元/千克以上，最高达100元/千克；在国外市场，杨梅价格高出当地十几倍，甚至更高。随着人们生活水平的提高，以及保鲜技术的发展，销售渠道的拓宽，杨梅消费量急剧上升。杨梅果实除了鲜食外，还适于加工，其糖水杨梅、杨梅酒和杨梅干等加工品深受国内外市场的欢迎，杨梅的发展前景十分广阔。

　　然而，目前我国杨梅生产上也还存在着不少问题，突出表现在：杨梅园基础设施薄弱，生产效率低下；农村从事杨梅的劳动力日趋紧张，生产成本逐年提高；杨梅效益驱动，质量安全风险日益加大；相当部分杨梅园管理水平差，产量不高，优质果率低，效益差等，制约杨梅产业的健康可持续发展。同时，随着城乡居民生活水平的不断提高和世界经济一体化与市场国际化的加快，消费者对果品的需求重心发生了转移，不仅注重数量，更注重果品的质量、安全、营养和品位等，这对杨梅生产提出了新的更高的要求，生产经营者对杨梅新技术要求也越来越迫切。因此，为了使杨梅生产不断适应新形势发展的需要，充分发挥杨梅生产的潜力，为梅农提供切实可行、先进实用的技术，实现杨梅安全优质丰产高效，增加梅农收入，编者结合 30 年来的生产、试验、示范、推广等积累的经验，调查、摸索和总结了当地杨梅生产的一些先进适用技术和经验做法，参阅了国内有关杨梅生产、科研的文献资料，编写了本书。希望本书的出版发行，能对我国的杨梅安全优质丰产高效栽培发挥一定的指导作用。

    杨梅安全优质丰产高效栽培，是一个极复杂的系统工程，尚需不断探索和完善。由于水平和时间所限，错漏在所难免，敬请读者批评指正。

编 者

2014 年 5 月

目　　录

第一章　概　　述

一、杨梅产业概况

杨梅原产我国，是我国南方著名的特产果树。在浙江省余姚市境内的河姆渡遗址的考古中发现，早在 7 000 年前的新石器时代，该地区就有杨梅生长。另据古书记载，我国人工栽培杨梅，并以其果供食或酿酒，至迟从西汉（公元前 206—公元前 220 年）开始，距今约有 2 200 年历史。杨梅主要分布在我国长江流域以南、海南岛以北，即北纬 20°～33°，其中，以浙江省栽培的面积最大、品种最多、产量最高、品质最优，其次是江苏、福建、广东、湖南、江西、云南、贵州、广西壮族自治区（全书称广西）、四川、重庆等省（直辖市、自治区）。国外杨梅栽植极少，在日本、韩国和泰国虽有少量栽培，但果小、味酸，品质远不及我国；东南亚各国如印度、缅甸、越南、菲律宾等国也有另一种杨梅分布，但作为庭院观赏或作为糖渍食用，没有作为经济果树栽培。由于分布地域性强，在国内外都极具竞争优势，故发展杨梅生产，对开发山区经济，解决"三农"问题，扩大对外贸易等，都有重要意义。

杨梅根系与放线菌共生，具有固氮能力，适于瘠薄山地栽培，不与粮、棉和其他经济作物争地，不需要很多肥料便可达到优良结果，所以种植杨梅投入少，产出多，东魁杨梅栽培得法，一般 5～6 年开始结果，13 年后进入盛果期，大树平均株产

100～150千克，最高达500千克以上；荸荠种杨梅，一般4～5年开始结果，8～10年后进入盛果期，株产70～150千克，最高达450千克；临海早大梅一般4～5年开始结果，10～13年进入盛果期，株产一般在50千克以上，最高达300千克。

杨梅果实初夏成熟，色泽艳丽，酸甜适口，风味独特，营养丰富，具有极好的营养保健功能。果实富有纤维素、矿质元素、维生素和一定量的蛋白质、脂肪、果胶及8种对人体有益的氨基酸。杨梅的果实、核、皮、根均可入药。《本草纲目》记载，杨梅可止渴，和五脏，能涤肠胃，除烦愦恶气。杨梅果实性平、无毒，具有消食、消暑、生津止咳、助消化、止泻利尿等功效，多食无伤脾胃。其中，根及枝干表皮富含单宁（含量高达10%～19%），可提炼黄酮类与香精油物质，用做医疗上的收敛剂。杨梅的核仁中含有维生素 B_{17}，是一种抗癌物质，还含粗蛋白32%，粗脂肪21%，被称之为高蛋白、高植物油脂食品。果实除鲜食外，还可加工成酱、汁、酒、蜜饯、罐头，老小皆宜，是消费者普遍喜爱的水果，其甜酸适口的风味深受欧美消费者欢迎，销量大，市场价格高，如优质东魁杨梅，在浙江临海已连续10年市场价格稳定在每千克40～60元，最高达100多元，杨梅产业已成为众多水果中效益最高的水果，被誉为山区农民的"摇钱树"、"绿色银行"。如临海市白水洋镇上游村，2 500亩东魁杨梅，正常年份年收入2 700万元，户均杨梅收入4.1万元，人均收入11 700元，株产值最高达8 000元。

杨梅树姿优美，四季常绿、果实艳丽，既是开辟休闲观光的理想树种，又是绿化造林、美化环境的优良树种，更是能有效阻隔森林火灾的防火树种。杨梅是阔叶植物，发展杨梅还可以推进针叶林阔叶化改造，改善生态环境、增强涵养水源、防止水土流失等生态防护功能。同时，随着杨梅产业的发展，杨梅产业功能不断拓展，以杨梅节、采摘游、休闲观光为主要内容的杨梅文化快速兴起，助推了生态文化的发展和生态文明建设。

杨梅果品国内外市场潜力巨大，且栽培容易，经济效益高，因此，20世纪80年代以来，在农村产业结构调整和西部大开发中，许多地方政府部门把发展杨梅作为实现山区农民增收的一个重要举措，农民种植杨梅的积极性非常高，东魁、荸荠种等杨梅良种发展十分迅速。据不完全统计，截至2013年，全国杨梅栽培面积达500万亩，其中，浙江省杨梅栽培面积128.7万亩，产量49万吨，产值48.5亿元，分别占全省水果总面积、总产量、总产值的23%、10%和27%，已成为全省仅次于柑橘的第二大水果。主要产地在仙居、临海、黄岩、余姚、慈溪、上虞、萧山、平阳、苍南、乐清、文成、永嘉、瑞安、瓯海、松阳、丽水等市县，且良种多，品质佳，单产高，效益好，先后涌现出了临海的临海杨梅牌东魁和早大梅杨梅、仙居的仙绿牌东魁和荸荠种杨梅、黄岩的九峰牌东魁杨梅、慈溪的烛湖牌荸荠种杨梅、余姚的鹤顶牌荸荠种杨梅、青田县的山鹤牌东魁杨梅、定海的普陀山牌晚稻杨梅、瓯海的大罗山牌丁岙杨梅、瑞安的高楼牌东魁杨梅、兰溪的下蒋坞牌荸荠种杨梅等浙江省十大精品杨梅，享誉国内外。浙江省还率先开展了杨梅的选种、嫁接、育苗、整枝修剪、矮化栽培、疏花蔬果、保鲜贮运、品牌营销等课题研究的省份，其栽培技术、产业化水平在国内外处于领先地位。其中，不少栽种杨梅先富起来的浙江人，运用自身的技术、资金和管理经验，走出浙江进入云南、江西、四川、广东、福建等省份发展、指导杨梅的生产、销售，加速了我国杨梅产业的快速发展。

杨梅栽培地域性强，不受国际市场冲击，因此，在国内外都极具竞争力。随着杨梅文化和杨梅保鲜技术的发展，交通、运输条件的改善，杨梅不但在国内消费市场从南至北不断扩大，而且开始走出国门，进入国际市场，市场需求量日益增长，发展前景十分广阔。

二、杨梅生产中存在的问题

（一）生产效率低，生产成本提高

杨梅种在山上，且以农户分散经营为主，规模小，基础设施差，大部分杨梅园道路不通，水源不足，给喷药、灌溉等果园管理带来了困难，劳动生产率低，农村劳动力紧缺而价高，一定程度上阻碍了杨梅产业的发展和效益的提高。

（二）农村劳动力素质低，标准化优质化生产技术到位率不高

农村中一大批具有文化知识、有经营头脑的青壮年都已脱离农业，目前，从事一线生产的果农大多是文化程度不高、老弱病残等群体，即使进行专业技术培训，也难以掌握，科技水平低，新技术、新成果的推广应用到位率低，生产的果品质量参差不齐，市场竞争力不强。

（三）受效益驱动，杨梅质量安全风险日益加大

尽管目前杨梅质量安全总体状况良好，然而随着栽培面积的快速扩大和经济效益的不断提高，杨梅生产中存在的一些潜在风险也在日益加剧。特别是近年杨梅价格高，在一定程度上催生着部分果农为追求果大好看而乱用滥用化肥、农药和生长激素，从而造成杨梅质量安全源头风险隐患突出。

（四）知名品牌少，市场化程度低

采后只有部分合作社进行包装、保鲜贮运、品牌化营销，而多数还是无品牌、无包装、缺乏保鲜设施和保鲜技术，缺少知名品牌。同时，由于市场培育工作没有到位，市场机制不完善，专

业市场缺乏，营销手段落后，果品市场化程度不高。

（五）产业链短，产后服务发展相对滞后

目前，杨梅产后服务跟不上，产后贮藏、保鲜、加工相对落后，如缺乏加工中心、冷链运输中心等，通过加工包装、冷藏运输营销的杨梅数量占比例不高，杨梅精深加工更是缺乏，几乎停留在传统的浸泡杨梅酒、杨梅干等粗加工水平，产业链短，产业整体效益提升难度较大。

三、杨梅安全优质丰产高效栽培的意义

杨梅安全优质丰产高效栽培，就是以市场为导向，运用现代科学技术，充分合理利用自然资源和社会资源，实现各种生产要素的最优组合，各种生产先进适用技术的科学集成，提高土地产出率、资源利用率、劳动生产率，生产出安全、优质、丰产高效的杨梅果品，并且实现经济、社会、生态综合效益最佳的栽培。杨梅安全优质丰产高效栽培，是保证杨梅果品的质量安全，提高杨梅产量和效益的关键，是杨梅打开国内外市场的必要条件。

随着经济社会的快速发展，城乡居民生活水平的不断提高，人们对杨梅果品的质量、安全的要求也越来越高，消费者不仅注重果品的数量，更注重果品的质量、安全、营养和品位，与此同时，生产者为了适应果品市场的需求，增加种植效益，对杨梅安全优质丰产高效技术的要求也越来越迫切。

推行杨梅安全、优质、丰产、高效栽培，对于进一步优化杨梅品种结构、推进杨梅标准化的生产、全面提升杨梅质量安全水平、延长产业链、提高杨梅产品品牌效应、增强国内外市场的竞争力和杨梅产业的富民能力，既满足现代人们的生活需求，提高人民的生活质量，又增加果农收入，繁荣农村经济，加快社会主义新农村和美丽乡村建设，都具有十分重要的现实意义。

第二章 杨梅主要品种

一、全国"四大"杨梅良种

东魁、荸荠种、丁岙梅、晚稻杨梅为全国"四大"杨梅良种，均原产于浙江省。

（一）东魁杨梅

东魁杨梅是 20 世纪 50 年代末从黄岩江口镇东岙村杨梅园中选出的实生变异品种，由原浙江农业大学园艺系吴耕民先生定名东魁杨梅，是目前我国乃至世界上果实最大的杨梅品种。该品种于 1983 年得到发掘与繁育，1992 年通过浙江省农作物品种认定，列为浙江省重点推广的水果良种之一，是全国栽植面积最大的杨梅品种。

1. 形态特征

东魁杨梅树冠高大，呈圆头形，抽枝旺，枝叶茂盛，叶色浓绿，叶片大而厚。其 100 多年的原生母树，树高 9.1 米，冠幅 6.2 米×7.2 米，干周 1.0 米。叶片主侧脉正面脉纹明显但较平，反面的主侧脉明显突起，手指触觉明显。这是东魁和其他杨梅的主要区别，可作为苗木鉴别的重要依据。

2. 果实性状

果实特大，近似圆球形，纵径 3.93 厘米，横径 3.76 厘米，平均单果重 25 克，最大单果重 52 克。果面有较明显的缝合线，果实蒂部突起，至采收期仍保持黄绿色，因而别称"青蒂头"大杨梅、"巨梅"等。果实紫（深）红色，肉柱较粗大，顶端钝尖，汁多，甜酸适中，味浓，可溶性固形物含量为13.4%，总糖10.5%，总酸1.1%，可食率达94.8%，品质极佳。适于鲜食或罐藏。

3. 生物学特性

（1）物候期。根据对原产地黄岩区的物候期观察：东魁杨梅花芽于2月下旬开始萌动，雌花在3月上中旬陆续开放，前后花期25天，雄花开放略早。春梢在4月上旬发生，夏梢在7月上旬发生，秋梢在8月中下旬以后发生。果实生理落果期为4月中旬至5月上旬，5月中下旬为硬核期，6月上中旬为迅速膨大期，6月下旬着色成熟期，采收期约15天。7月上中旬开始花芽分化，11月底花芽分化基本完成，随后花芽开始发育。

（2）生长结果习性。东魁杨梅嫁接树生长势较强，全年一般幼年树抽梢3~4次，成年树抽梢2~3次。抽梢能力与树龄相关，如以春梢抽生量与基枝数量的比率来看，幼年树达234%，始果树为189%，盛果树为96%，35年生大树仅为78%。其春梢长度表现也一致，幼年树、始果树、盛果树春梢长度分别为12.4厘米、9.7厘米、7.2厘米。就春梢、夏梢和秋梢的长度来说，春梢为最长，夏梢次之，秋梢最短，如成年树春梢、夏梢和秋梢长度分别为7.70厘米、5.45厘米和5.01厘米。

东魁杨梅结果枝以发育充实的春梢和夏梢为主。从结果枝长度来看，主要为中果枝（5.0~15厘米）占55.2%，短果枝占29.3%，长果枝仅占15.5%。其坐果率一般为2.9%~5.3%。东魁杨梅果实自谢花后子房膨大形成幼果开始到果实成熟约需70天，可分为：果实生长发育期（幼果期），其果径生长迅速，横径生长大于纵径，此期持续约20~25天；果实生长中期（硬核期），果实生长较为缓慢，纵横径生长趋于平稳，此期约经历

15～20天；果实生长后期（发水成熟期），果实生长加快，纵径生长较横径快，后转横径生长加快，果实增长加大，果实转色，含糖量提高，此期约持续25～30天。

（3）丰产性。东魁杨梅树势强健，产量高，一年生嫁接苗种植5～6年后开始结果，15年后进入盛果期，盛果期可维持50～60年，大树株产一般100～150千克，最高达500千克。生长旺盛，结果大小年现象不明显，成熟期不易落果，抗风性强。适应性广，易种植，浙江省内各县市及福建、江西、湖南、广西、广东、云南、贵州、四川等杨梅产区表现良好。

（二）荸荠种杨梅

荸荠种杨梅是从余姚市三七市镇张溪村实生杨梅树变异株系中选育出来的。由于果实成熟时其色泽与荸荠的外皮相仿，故得其名，已有360余年种植历史，为全国杨梅主栽品种之一。

1. 形态特征

荸荠种杨梅树中庸，树姿开张，枝条稀疏，树冠半圆形。15年生树高4.2米，冠径6.0米，干周0.7米。多年生枝条暗褐色，有灰白晕斑及长圆形皮目。嫩枝青绿色，叶片大小不一，位于枝条基部的叶较小，以春梢中部的叶测定，长8.1厘米，宽2.5厘米，倒卵形，先端钝圆，厚度中等，叶质稍硬，正面色深绿，背面灰绿，嫩叶黄绿或翠绿，全缘，表面多蜡质。正面脉纹明显稍突起，背面仅主脉明显，正背面均光滑。

2. 果实性状

果实中等大，略呈扁圆形，纵径2.65厘米，横径2.69厘米，平均单果重12克，最大单果重18克。果实成熟时呈乌黑色，果顶稍凸，果底平，缝合线较明显，果蒂小，蒂苔淡红色；肉质细软，汁多，味浓甜可口；可溶性固形物含量为12.8%，总糖9.12%，总酸0.80%，可食率达95.5%，品质极佳。适于鲜食或加工。

3. 生物学特性

（1）物候期。根据对原产地余姚、慈溪两市的物候期观察：荸荠种杨梅花芽于3月底4月初开花，花期约30天。春梢在4月中旬发生，夏梢在6月下旬发生，秋梢在8月下旬发生。果实生理落果期为4月中旬至5月中旬，5月中旬为硬核期，6月中旬为迅速膨大期，6月中下旬着色成熟期，采收期约15天。6月下旬开始花芽分化，11月中旬花芽分化基本完成，随后花芽开始时发育。

（2）生长结果习性。荸荠种杨梅结果枝以春梢和夏梢为主。结果枝以中等长度的枝梢坐果最好。

（3）丰产性。荸荠种杨梅中庸，产量高，一年生嫁接苗种植3~5年后开始结果，10年后进入盛果期，盛果期可维持30年，大树株产一般70~150千克，最高达450千克。成熟期不易落果，抗风抗病性强。适应性广，易种植，浙江省内各县市及福建、江西、湖南、广西、广东、云南、贵州、四川等杨梅产区表现良好。

（三）丁岙梅

丁岙梅原产温州市瓯海区，是由杨梅实生苗中选出的早熟优质单株，经繁育发展而成。主产于浙南地区，最近十几年福建、广东、湖南等省引种栽培较多。

1. 形态特征

丁岙杨梅树势强健，呈圆头形或半圆形，树干、枝条短缩，似短枝型品种。叶大，丛生、色浓绿，长倒卵形或尖长椭圆形。

2. 果实性状

果实呈圆球形，纵径2.60厘米，横径2.70厘米，平均单果重11.8克。果实成熟时呈乌紫色，两侧有纵线沟，果蒂绿色凸起，与红色果实相互浑映，故有"红盘绿蒂"之美称。果柄特长，达 2 厘米，与枝条固着力强，不易落果，带柄采摘。肉柱先端圆钝，富光泽，肉质柔软，甜酸适口；可溶性固形物含量为11.1％，总糖8.90％，总酸0.83％，可食率达95.0％，品质佳。

3. 生物学特性

（1）物候期。根据温州市科技工作者对原产地瓯海区的物候期观察：丁岙杨梅于 3 月底开花，花期约 20 天。春梢在 4 月中旬发生，夏梢在 6 月下旬发生，秋梢在 8 月上旬发生。果实发育，5 月中旬为硬核期，6 月上旬为迅速膨大期，6 月中下旬果实成熟，采收期约 15 天。

（2）生长结果习性。丁岙杨梅结果枝以春梢和夏梢为主。中果枝为主要结果枝，采前落果少。

（3）丰产性。丁岙杨梅树势强健，一年生嫁接苗种植 4～5 年后开始结果，15 年后进入盛果期，盛果期可维持 40～50 年，大树株产一般 75 千克左右。抗风性强。适应性广。

（四）晚稻杨梅

晚稻杨梅原产舟山市定海区，是由杨梅树变异选优而成，已有 100 余年种植历史。自 1983 年以来，全国已有 5 省的 30 多个市、县引种。

1. 形态特征

晚稻杨梅树势强旺，树冠高大，呈圆头形或圆筒形。50 年生母树高 8.75 米，冠径 8.15 米。树皮光滑呈灰绿色，皮孔明显。叶披针形，全缘间或浅锯齿。

2. 果实性状

果实呈圆球形，纵径 2.60 厘米，横径 2.70 厘米，平均单果重 12.0 克。果实成熟时呈乌紫色有光泽，两侧有纵线沟，果蒂绿色凸起，与红色果实相互辉映，故有"红盘绿底"之美称。

果柄短，果蒂小。肉质柔软，汁多，甜酸适口，风味浓；可溶性固形物含量为 12.6%，总糖 9.60%，总酸 0.85%，可食率达 95.5%，品质优。适于鲜食、制罐、制汁。

3. 生物学特性

（1）物候期。根据对原产地舟山市定海区的物候期观察：晚稻杨梅雌花芽于 3 月中旬开始萌动，初花期为 4 月上旬，花期约 30 天。春梢在 4 月下旬发生，夏梢在 7 月上旬发生，秋梢在 8 月上旬发生。果实发育，生理落果期为 5 月初至 5 月中旬，5 月中旬为硬核期，6 月中旬为迅速膨大期，7 月上旬果实成熟，采收期约 10 天。

（2）生长结果习性。晚稻杨梅结果枝以春梢为主，春梢占全年 3 次梢总量的 70% 左右，春梢平均长 9.5 厘米；夏梢较短，平均长 7.7 厘米；秋梢细短，坐果率极差。结果枝以中果枝为主，占全树总结果枝的 90% 以上，每枝着果 3～4 个。

（3）丰产性。晚稻杨梅树势强健，发枝力强。一年生嫁接苗种植 5～6 年后开始结果，15 年后进入盛果期，盛果期可维持 40～50 年，大树株产一般 50～100 千克，最高可达 400 千克。抗逆性强，大小年幅度小，丰产。

二、其他地方特色品种

（一）临海早大梅

早大梅原产临海市，是由当地水梅中选出的实生早熟品种，1989 年通过鉴定命名。

1. 形态特征

早大梅树冠高大，呈圆头形。26 年生树高 7.24 米，冠径 7.22 米，干周 1.35 米。叶片广倒披针形，叶长 8.7 厘米，宽

3.1 厘米。

2. 果实性状

果实略高扁圆形,纵径 2.94 厘米,横径 3.18 厘米,平均单果重 15.7 克,最大达 18.4 克。果实成熟时呈紫红或紫黑色,肉柱长而较粗,大多呈槌形,顶端钝圆;肉质致密,较硬,甜酸适口;可溶性固形物含量为 11.0%,总糖 8.71%,总酸 1.06%,可食率达 93.80%,品质上等。适于鲜食、制罐。

3. 生物学特性

(1)物候期。根据对原产地临海市的物候期观察:早大梅雌花在 3 月中旬至 4 月上旬开花。果实于 6 月中旬成熟。

(2)生长结果习性。早大梅一年抽生春、夏、秋 3 次新梢,以夏梢生长量最大,占全年 3 次梢总梢数的 73.7%,结果以 5 ~ 10 厘米长的中果枝为主,占全树总结果枝的 70% 以上。

(3)丰产性。早大梅树势中庸。一年生嫁接苗种植 4 ~ 5 年后开始结果,13 年后进入盛果期,大树株产一般可达 50 千克以上,大小年幅度小,抗逆性较强,表现丰产。

(二)水梅

水梅原产于浙江临海、黄岩、温岭和乐清一带,是 20 世纪 80 年代这一带的杨梅主栽品种。树势中等偏强,树冠圆头形,叶倒卵形或倒卵状披针形,全缘。果实圆形或不正圆球形,单果重 13 ~ 14 克,果顶圆或平,先端凹入显著,果底平,果面红色或深红色。果实肉软汁多,甜酸可口,可溶性固形物达 12.6%,含酸 1.07%,品质优良。核中大,椭圆形。在产地 6 月中下旬成熟。该品种适应性强,丰产,适于鲜食或加工。但采前落果较重。

（三）松山早野

松山早野原产于浙江临海市松三一带，树势中等，树冠圆头形，叶倒卵形，叶尖圆钝无凹刻，全缘。果实圆球形，纵径2.76厘米，横径2.84厘米，平均单果重11.9克，果顶圆钝，缝合线不明显，果实紫红色。肉柱中粗、软，顶端圆钝渐尖。核重0.96克，较黏核。汁多软口，甜酸适中，味浓，含可溶性固形物达11.5%，可食率92%，品质中上，较耐贮运。本品种成熟期特早，在产地6月上旬成熟，是当地成熟最早的杨梅品种，始果期早，4年即可挂果，8年以后进入盛果期，株产量50千克左右，采前落果一般。

（四）大炭梅

大炭梅原产杭州余杭等地。树势中等，枝条较稀疏，以短、中果枝结果为主。叶阔倒披针形，质较软，叶脉细而不明显，全缘，略向下反卷。果大，圆球形，平均单果重14.5克，果表深黑色似炭故名。果蒂大而明显突起，翠绿色，果梗较细。肉柱先端钝圆，缝合线不明显。汁多味甜，含可溶性固形物含量10.3%，含酸0.59%，品质优良。产地于6月25日前后成熟。

（五）早荠蜜梅

早荠蜜梅是近年浙江省农业科学院园艺所和慈溪市杨梅研究所从荸荠种杨梅中选出的实生早熟品种。树势中庸，树冠圆头形。叶较小，长7.6厘米，宽2.75厘米，两侧略向上。果形扁圆，平均单果重9克，完熟时呈深紫红色，光亮，肉柱顶端圆钝，含可溶性固形物含量12.38%，含酸1.26%，味甜酸，品质优良。产地于6月上中旬成熟，比荸荠种早10余天采收。该品种进入结果期较早，抗逆性强。

（六）晚荠蜜梅

晚荠蜜梅是近年浙江省农业科学院园艺所和余姚市杨梅研究所从荠荠种杨梅中选出的晚熟营养系变异种。树势强健，枝叶茂盛，树冠呈圆头形。叶较大，色浓绿。果实扁圆形，平均单果重13.0克，完熟时呈紫黑色，富光泽，肉柱顶端圆钝，可溶性固形物含量13.0%，含酸1.0%，可食率95.6%，甜酸适口，品质上乘，鲜食与罐头加工兼优。成熟期晚，产地余姚于7月5～10日成熟。该品种结果性能好，丰产稳产，抗逆性强，对高温干旱有较强的忍耐力。

（七）粉红杨梅

粉红杨梅系浙江余姚市马诸、青江、陈家等地的主要品种，果实纵径2.5厘米，横径2.58厘米，单果重10.5克，圆球形，对称，果面平整，对称，底色红着色深，果顶圆形，缝合线不明显，果梗黄绿色，肉柱细硬，基部白色，顶端急尖，色紫红，黏核，肉质粗硬，果汁中等，水红色，味酸，可溶性固形物11.6%，核广卵圆形，毛绒长，淡黄褐色，浓密。

（八）早色

早色原产于浙江萧山市临浦镇杜家村。树势旺盛，树姿较直立，树冠圆头形。叶片倒披针形，叶大，叶长9.8厘米，宽2.8厘米，叶全缘间或有粗锯齿。果圆球形或扁圆形，中大，平均纵2.62厘米，横径2.75厘米，单果重12.6克，最大果重17.0克，在早熟品种中属果形较大者；完熟时果面紫红色，果顶和果基均呈圆形且平整，果蒂细小，黄绿色，肉柱顶端圆或尖，肉质稍粗，果汁多，品质优良。果核小，可溶性固形物含量12.5%，总酸1.25%，可食率95.3%。当地6月16～20日成熟。丰产稳产，一年生嫁接苗种植 4 ~ 5 年后开始结果，盛产期平均株产可达 70 ~ 100 千克，最高可达 250 千克，结果大小年现象不明显。适应性广，栽培易，抗病虫害能力强，采前落果不严重。

（九）迟色

迟色原产于浙江萧山。树势强健，枝叶茂密；果形大，单果重 13.0 克，6 月下旬成熟，红色，质软；可食率 93.0%，可溶性固形物 12.5%，味甜品质上等；有大小年结果现象，抗逆性差。

（十）水晶杨梅

水晶杨梅又名白砂杨梅。产自浙江上虞市二都和余姚马渚临山。树势强健，树冠半圆形。果实圆球形，平均单果重 14.35 克，最大果重达 17.3 克。完熟时白玉色，肉柱先端稍带红点；肉质柔软细嫩，汁多，味甜稍酸，风味较浓，具独特清香味，品质上乘。可食率 93.6%，可溶性固形物含量 13.4%，于 6 月下旬至 7 月上旬成熟，采收期长达 15 天左右，宜在山脚肥沃处栽培，为我国品质最优的白杨梅，可作花色品种适当发展。

（十一）深红种

深红种原产于浙江上虞市二都。树势强健，树冠圆头形。果实圆球形，平均单果重 13.09 克，最大果重达 16.3 克，果顶凹陷，果蒂较小，果面深红色，具明显纵沟，肉质细嫩，汁液多，甜酸适口，风味较浓，可食率 93.2%，可溶性固形物含量 12.4%，采收期长达 20 天。

（十二）乌紫梅

乌紫梅是近年浙江省象山县农业林业局从象山晓塘乡礁头村

的实生变异株系中选育而成的大果型乌梅类杨梅。树势中强，树姿开张，以中短结果枝为主，叶长 11.2 厘米，宽 3.3 厘米，叶尖圆钝，叶边全缘，叶色深绿。果实正圆形，纵径 3.32 厘米，横径 3.45 厘米，平均单果重 24 克左右，果蒂平，肉柱顶端圆钝，成熟果面色泽乌紫，较光滑，可食率 94.0%，可溶性固形物含量 13.0% 左右，肉质柔软，品质上乘。产地于 6 月中下旬成熟，采前落果少。

（十三）早佳

早佳是由浙江省农业科学院等单位选育的，2013 年经浙江省林木品种审定委员会审定的杨梅新品种。现场测定 8 年生无性系果实，单株产量 21.5 千克，平均单果重 12.5 克，可溶性固形物平均含量 11.4%，比对照"荸荠种"成熟期明显提早。树体健壮、矮化，早果性好，商品果率高，丰产性好，果实外观美，品质优良，群体性表现一致。

（十四）三门桐子梅

桐子杨梅原产于浙江省三门县，由实生杨梅树变异选优而成，已有 200 多年种植历史。2000 年经浙江省农作物品种审定委员会认定为推广发展的杨梅新品种。目前，三门县种植面积为 2 000 多亩，省内金华、象山等市（县）已有少量引种。

1. 形态特征

桐子杨梅树势强健，分枝力强，树冠呈圆头形。据调查，20 年生树高 8 米，冠幅 9.05 米，干周 1.44 米；叶片倒披针形，春梢第 5 张叶片平均长 8.95 厘米，宽 3.0 厘米，厚度中等；叶先端钝圆或尖圆，叶片全缘，叶色浓绿，表面多腊质，正背面光滑，春梢平均长度 11.5 厘米。

2. 果实性状

果实大，平均纵径 3.17 厘米，横径 3.26 厘米，平均单果重 16.4 克，最大果重 28 克；果形圆球形，端正，肉柱槌形，柱头圆钝，果肉致密，整齐；果实完熟后呈紫黑色，果汁中等，甜酸适中，味浓，品质上乘，可食率 93.6%，含可溶性固形物含量 11.5%，果核稍大，呈卵形。其最显著特点是果实肉质坚硬，耐贮运。

3. 生物学特性

（1）物候期。根据对原产地三门县的物候期观察：桐子杨梅雌花在 3 月底至 4 月中旬开花，果实于 6 月中旬成熟。

（2）生长结果习性。桐子杨梅一年抽生春、夏、秋 3 次新梢，结果以 5~8 厘米长的中短果枝为主，占全树总结果枝的 70% 以上。

（3）丰产性。桐子杨梅树势较强。一年生嫁接苗种植 5 年后开始结果，10 年后进入盛果期，大树株产一般可达 50~75 千克，高者可达 200 千克；采前落果少，大小年幅度小，抗逆性较强，表现丰产。

（十五）黑晶

黑晶是近年浙江省农业科学院园艺所和温岭农业林业局从温岭大梅中发现的实生变异株系中选育而成的大果型乌梅类杨梅新品种。2007 年 2 月通过浙江省非主要农作物品种认定委员会认定（浙认果 2007001）。树势中庸，树冠圆头形；叶色浓绿，叶长卵形或倒披针形，叶长 8.42 厘米，宽 2.53 厘米，先端渐尖较钝，叶边全缘，微有波状。果实圆形，纵径 3.10 厘米，横径 3.13 厘米，平均单果重 17.0 克左右，果顶较凹陷，蒂部突起高大，突起部呈红色，完熟时呈紫黑色，有光泽，具有明显纵沟，肉柱圆钝，汁液丰富，可食率 90.6%，可溶性固形物含量

11.5%，固酸比13：1，品质优。产地于6月20日前后成熟。该品种始果期早，丰产稳产，4年生树株产可达4~5千克。

（十六）大叶岗

大叶岗原产于太湖西南岸的浙江长兴县浙北第一村父子岭一带，栽培历史悠久。树势强健，树冠圆头形。树高，枝条较直立。叶较大，倒卵形，浓绿色。果实圆形，果面不甚平整，果顶圆形，果基平或微凹，果形大，纵径2.94厘米，横径3.04厘米，重14.66克，果底浅红色，缝合线尚明显，果面深红色，充分成熟时呈乌紫色。肉柱较长，质柔软，红色，尖头或圆钝，较黏核。汁多，味甜，微有香气，品质较佳，可食率94.34%，可溶性固形物8.48%，产地夏至后数天成熟。核广卵形，顶尖凸，基圆平，重0.83克。核缝合线微棱起，表面被毛绒且长。本品种树势强健，抗性较强；果形大，可食率高，品质优良，但有一定的大小年现象，是一个值得当地推广的品种。

（十七）乌酥核

乌酥核原产于广东潮阳、潮州、饶平、普宁、揭阳和揭西等地。树势强健，树梢直立，树冠呈略开张的半圆形。叶长倒卵形，全缘，前半部较宽而圆钝，先端微凹，叶基楔形渐尖。果实为圆球，平均单果重15.8克，肉柱发育较均匀，大小及长短较一致，果面缝合线不明显，外观饱满整齐；果实成熟时呈紫红色或紫黑色；肉质柔软，汁多、甜酸可口，核小，品质优良；可溶性固形物含量为13.4%，可食率为94%，含酸量为0.75%。产地6月上中旬成熟，是广东省的鲜食优良品种。该品种抗逆性较强，始果期早，丰产，采前落果较轻。

（十八）紫晶

紫晶原产于江苏苏州等地，是通过杨梅种质资源调查实生选育出的新品种。2012 年 12 月通过江苏省作物品种审定委员会审定并定名。

果实圆球形，单果重 16.2 克，最大可达 20.7 克。果面紫红色，完全成熟时呈紫黑色。果肉厚、柔软多汁，含可溶性固形物 10.7%，可食率 95.4%，品质上等。植株树势中等，树冠自然圆头形。高接后第 5 年少量挂开花，第 7 年树冠基本恢复，第 8 年树冠形成，第 10 年平均株产 8 千克。在江苏苏州等地，每年 2 月底至 3 月初花芽萌动，4 月中旬盛花。6 月中下旬果实成熟。抗逆性强。

（十九）西山乌梅

西山乌梅原产江苏吴县洞庭西山及太湖沿岸市、县。树形开张，树势健壮，矮干，大枝近地面而生，小枝粗短。叶长 12.8 厘米，宽 3 厘米，先端渐尖，基部广楔形，全缘，微皱褶，边缘反卷。果实高圆形，完熟时果面深紫红色，较平整，顶端及基部狭圆，果柄基部有微红或淡绿色瘤状凸起；肉柱长，扁圆形或长扁圆形，大小均匀，成熟果实肉柱顶端乳头脱落，形成凹点；平均单果重 14.9 克。该品种果实肉质软硬适度，风味浓郁，富香气，可溶性固形物含量为 12.5%，可食率为 92.4%，含酸量为 1.05%，品质佳，正常成熟期为 6 月中旬，耐贮运。

（二十）大粒紫杨梅

大粒紫杨梅原产福建的福鼎。树势旺盛，树冠扁圆形，枝条开张，干色灰褐，新梢长粗。叶倒披针形，长 11.37 厘米，宽 3.45 厘米，叶先端渐尖，基部窄楔形，向下延伸，全缘或微波状；叶面稍皱，色绿，背面黄绿。叶脉密，侧脉角度大，叶柄极短，长仅 0.19 厘米。果梗长在 0.5～1.8 厘米，多为 1 厘米左右，粗、黄绿色。果实近圆球状，重 12.9 克，纵径 2.73 厘米，横径 2.83 厘米，果形指数 0.96，果顶圆，果基平或隆起，呈青色，缝合线稍明显增加，果肉内外紫红色，肉柱粗，两端圆或尖，长 1.01 厘米。可食率 94%，果汁率 83%，可溶性固形物 11.5%，含酸量 1.36%，固酸比 8.1∶1，质软味甜。核扁圆，稍大有棱起，色黄褐，重 0.77 克，核仁白色有香味。品质上，丰产，6 月中旬成熟，为福建当地推广品种。

（二十一）火炭杨梅

火炭杨梅原产于贵州贵阳等地。该品种树体高大，树势开张，枝梢细长。果实扁圆形，果形较大，单果重 11～15 克，最大可达 25 克。可食率 88%，果实色泽鲜艳，品质中上，产地 6 月下旬至 7 月初成熟，是当地的鲜食品种。

（二十二）安海硬丝

安海硬丝原产福建安海。即安海变硬肉柱杨梅，果正圆形，平均单果重约 15 克，果面紫黑色，肉柱圆钝，长而较粗，果蒂有青绿色瘤状突起。口感较粗硬，可食率 95% 以上。极耐贮运，是不可多得的适宜长途运输的品种。

（二十三）光叶杨梅

光叶杨梅原产湖南靖县。树势中庸，树冠半圆形，枝条较开张；果实中等大，球形，单果重 11.5 克，果顶有放射沟，直达果实中部，呈光泽感，6 月中旬成熟，色紫红；可食率 93.0%，可溶性固形物 12.8%，品质上等；着果率高，产量稳，成熟后不易落果。

（二十四）毛杨梅

毛杨梅分布于四川、云南、贵州等省海拔400～2 300米高山的杂木林或干旱山坡，在贵州又称杨梅豆，因其小枝、叶脉、叶柄及芽上密生细柔毛而得名，乔木，9～10月开花，果实成熟于翌年3～4月，红色或紫色，果实小，大小如樱桃，味浓甜少酸，果实扁圆，纵横径1.1厘米×1.3厘米，单果平均重0.82克，可食率80%，一般株产60千克，最高可达125千克。该种有7个变种。

（二十五）矮杨梅

矮杨梅分布于云南、贵州两省海拔1 000～2 700米高山上。常绿灌木，高0.5～1.0米。叶橄榄绿色，长椭圆形，叶缘上部部有粗锯齿，叶脉表面凹陷，背面凸出，叶柄极短，稍有短柔毛。花雌雄异株，2～3月开放，雄花序为单一穗状，雌花序有极短分枝，花序生于叶腑，呈暗绿色。果实为卵形稍扁，果径0.6～0.8厘米，红色，味酸可食，6～7月成熟。本种有2个变种。

第三章 产地环境条件要求

　　杨梅分布具有明显的区域性，影响杨梅生长发育的因子很多，其中，温度、雨量、光照和土壤为主要因子，海拔高度、坡向、风等为次要因子，适宜的生态条件有利于杨梅的生长和果实的发育，因此，只有趋利避害，创造最适于杨梅的生态环境，才能使杨梅早结果，安全优质，丰产高效。

一、产地环境质量要求

　　生产安全优质丰产高效杨梅，应选择生态条件良好、远离污染源、并具有可持续生产能力的园地，空气环境质量、灌溉水质量、土壤环境质量必须符合无公害食品杨梅产地环境条件要求。

（一）空气质量

　　空气质量应符合表3-1要求。

表3-1　空气中各项污染物的浓度限值

项目		日平均浓度	1小时平均浓度
总悬浮颗粒物（TSP）（标准状态）（毫克/米^3）	≤	0.3	
二氧化硫（SO_2）（标准状态）（毫克/米^3）	≤	0.15	0.5
二氧化氮（NO_2）（标准状态）（毫克/米^3）	≤	0.1	0.15
氟化物（F）（标准状态）［微克/（分米^2·天）］	≤	1.8	20

（续表）

项目		日平均浓度	1 小时平均浓度
（微克/米³）	≤	7	
铅（标准状态）（毫克/米³）	≤	季平均1.5	

（二）农田灌溉水质量

灌溉水质量应符合表3-2要求。

表3-2　灌溉水中各项污染物的浓度限值

项目		指标
pH 值		5.5~8.5
总汞（毫克/升）	≤	0.001
总镉（毫克/升）	≤	0.005
总砷（毫克/升）	≤	0.1
总铅（毫克/升）	≤	0.1
铬（六价）（毫克/升）	≤	0.1
氟化物（毫克/升）	≤	3
氰化物（毫克/升）	≤	0.5
氯化物（毫克/升）	≤	250
石油类（毫克/升）	≤	10

（三）土壤环境质量

土壤环境质量应符合表3-3要求。

表3-3 土壤中各项污染物的浓度限值

项目		pH 值 <6.5
总汞（毫克/千克）	≤	0.3
总砷（毫克/千克）	≤	40
总铅（毫克/千克）	≤	250
总镉（毫克/千克）	≤	0.3
总铬（毫克/千克）	≤	150
六六六（毫克/千克）	≤	0.5
滴滴涕	≤	0.5

二、产地生态条件要求

（一）温度

杨梅是性喜温暖，又比较耐寒的亚热带阳性常绿果树，主要分布在我国长江流域以南，温度是影响杨梅分布的决定性因素。

杨梅栽培最适宜区，一般要求年平均温度在 15～20℃，≥10℃年积温在 5 050℃以上。年平均温度在 14℃以上，绝对最低温度不低于 -9℃，≥10℃年积温在 4 500℃以上的地方杨梅均能生长发育，低于界限温度，则杨梅果形小，酸度高，品质差；当冬季日最低温度低于 -9℃，日最高气温 0℃以下连续天数在 3 天以上时，就会使杨梅树体严重受冻，枝干冻裂，并造成大幅减产，失去经济栽培的意义。杨梅花期耐低温能力较差，若在花期遇气温 0～2℃，花器就会遭冻，大量落花落果，树冠外围结果少，产量下降；若海拔高度 700 米以上，花期温度低于 0℃，会出现"花而不实"现象。高温对杨梅生长发育也产生较大影响，最高月平均气温超过 28℃ 时，会影响结果预备枝的抽生，特别是烈日照射，常易引起杨梅枝叶焦灼枯死。5～6 月果实发育至成熟期，若温度超过 35℃ 以上，会使果实酸度增加，糖酸比例下降，影响品质。

温度提高会使开花期和果实成熟期提前，可利用大棚栽培促使果实提早成熟。

（二）降水量与湿度

杨梅耐阴喜湿，适宜的雨量和湿度有利于杨梅的生长发育，树体健壮，寿命长，易获得优质丰产。一般杨梅要求年降水量在 1 000 毫米以上，但在杨梅不同生长发育期对水分的需求也不同。在花期要求晴朗有微风，以利授粉，若花期连续阴雨或连续 5 天以上平均相对湿度 <70% 和平均日蒸发量 >6 毫米，则柱头黏液易干燥，特别是花期遇沙尘暴天气，影响授粉受精，当年产量明显降低。4 月，是东魁杨梅谢花幼果刚结出时期和春梢抽长期，月雨量以 110～116 毫米为宜，此时雨量过多，会导致春梢疯长，落花落果严重。如果天气晴朗，雨水少，春梢抽发迟、量少，则坐果率高。5～6 月是杨梅果实发育期，适当的水分有利于幼果发育膨大，适温高湿（相对湿度 80% 以上）条件下比高温高湿生产的杨梅果形大、果柱钝、糖酸比高、风味好。但成熟采收期雨水过多，不仅影响品质，而且果实挂在树上烂果多，生产上采取避雨或适当修剪，促进通风透光。采果后的夏末秋初是杨梅的夏梢抽发、花芽分化和花芽发育期，要求晴朗且较湿润的天气，既有利于夏梢的抽发，又有利于碳水化合物的积累，促进花芽分化和花芽发育。7～8 月高温干旱，土壤水分蒸发旺盛，在一定程度上影响夏梢的抽发，但对花芽分化影响不大。9～10 月天气对杨梅花芽分化影响较大，此时期如果雨水多，会促使晚秋梢旺发，消耗树体养分，花芽少而不充实，影响翌年结果，反之，如果晴天多，雨水少，秋梢抽发短而少，花量多。如 2013 年临海市从 6 月 30 日开始高温干旱，一直持续到 8 月 24 日，近两个月连续高温干旱，9 ~ 10 月雨水仍偏少，不仅没有影响花芽分化，2014 年反而花量特多，调查 10 年生东魁杨梅，95% 以上的末级枝均成花。

（三）光照与坡向

杨梅虽是喜湿耐阴的树种，但也需要一定的光照，并且喜欢散射光。坡向是通过影响光照和水分供应状况来影响杨梅的，所以不管哪个坡向，只要有一定的光照时间和光线透入度，均可种植。但对于生长势强的东魁杨梅，以选择光照较充足的坡向为好，枝叶生长健壮充实，树冠较开张，通风透光好，结果良好，成熟期提早 2 ~ 5 天，可溶性固形物提高 0.5°~ 1°，果实贮运性好，结果早，产量高，易获得早结优质丰产。但遇干旱年份，南坡表现为果形较小，质地较粗，果汁较少。尤其是土层薄、土质差的梅园，在干旱年份树体容易衰弱，寿命短。西坡由于夏、秋季西晒太阳猛烈，树干易受日灼损伤。北坡或东北坡由于阳光照射较少，山地水分较富集，杨梅树体生长良好，果实大、汁多、质地柔软，但贮运性较差，成熟期比较迟。如临海市河头镇前三村杨梅园，海拔高度 300 ~ 330 米，朝北，每年成熟期在 7 月上中旬，与 420 ~ 450 米高山杨梅成熟期相近，每年能卖好价钱，所以在 300 米以上山地，选择北坡种植，可利用成熟期推迟的优势，提高市场竞争力，提高经济效益。但当日平均光照少于 3 小时，或光照强度≤30% 时，树体营养积累少，叶质薄，花芽分化困难，从而导致只长枝叶不结果，故对于日照时数过短，过于荫蔽的山体不宜种植杨梅。与其他树木混栽、光线照射不足的杨梅园，要及时间伐其他树木，以确保杨梅正常生长发育所需的光照。

（四）风

杨梅为风媒花。开花期微风有利于雄花粉的散发和传播，从而提高坐果率，如遇"落黄沙"天气，则受精不良，当年减产。暴风和台风则对杨梅产生灾害性的为害，由于杨梅枝条较脆，根系浅，且树冠高大，枝叶茂密，因而最怕暴风和台风的侵袭。2004 年云娜台风，临海市成片杨梅树被台风整株刮走或枝干折断，损失惨重。栽植杨梅时，应尽量选择避风地块，避开"迎风口"或设置防风林，以抵御风暴的袭击。

（五）土壤

杨梅喜欢生长在排水良好、含有石砾的砂质壤土（临海方言叫"走马砂山"），pH 值 4 ~ 6.5，其中，以 5.5 ~ 6 最适宜。从山上生长的指示植物判断，凡芒萁等蕨类、杜鹃、松、杉、青冈栎、麻栎、苦槠、香樟等酸性指示植物生长繁茂的山地，土壤往往呈砂砾质，透气性好，不容易积水，有利于根系的生长，枝条生长充实、短缩、树冠矮化，同化物质容易积累，种植的杨梅开始结果早、果大汁多、品质优、产量高。而以狼尾草等单子叶植物生长茂盛的土壤，质地比较黏重，排水不良，种植的杨梅易徒长，不利于开花结果，并且近年来发现黏重的纯黄泥土种植的东魁杨梅，由于土层深，土壤黏重，栽植后枝梢易旺长，不易结果，并且根系易霉根死亡。可见选择排水良好的砂砾壤土栽培杨梅对获得早结丰产优质较为重要。

（六）海拔高度

海拔高度对杨梅品质及成熟期有明显的影响。随着海拔高度的增加，水汽的绝对含量相应降低。据调查，海拔较高的山峰，风速大，气压低，水分蒸发快，易使裸露的杨梅果肉肉柱形成尖刺形；而海拔高度相对较低的山地，由于气温较高，昼夜温差小，湿度较大，果实可溶性固形物含量较低；海拔中等的山地，由于山峦重叠，互相遮蔽，散射光多，空气湿度和温度配比合理，有利于杨梅果实的生长发育，因此，肉柱柔软汁多，甜酸适度，品质较好。同时，随着海拔高度的增加，温度下降，平均海拔每升高 100 米，平均温度下降 0.49℃，杨梅成熟期推迟 3～4 天。因此，可以选择不同的海拔高度种植杨梅，实行梯度开发，海拔高的安排种植迟熟品种，海拔低的安排种植早熟品种，延长采收期，错开销售旺季，提高种杨梅效益。高海拔种植杨梅，由于低温冻害，产量不稳定，应通过施肥、修剪等栽培措施上加以改善。

第四章　生物学特性及物候期

　　杨梅生物学特性，是指杨梅品种本身所具备的特有性状，包括它的器官组织、生长习性、开花结果习性、物候期等性状。品种不同，其生物学特性也不同，要想杨梅安全优质、丰产高效，首先应了解其特性，只有了解它，认识其生长发育规律，才能利用它，制定出相应的技术措施。

一、生长习性

（一）根

　　嫁接移栽的杨梅，根系浅，主根不明显，侧根、须根发达，70%～90%的根系分布在0～60厘米深的土层中，尤其在5～40厘米的土层中分布最集中，少数根深可达1米以上。根系水平分布大于树冠直径1倍以上。杨梅具有菌根，它与放线菌共生形成根瘤，能摄取大气中的游离氮，合成树体所需的有机氮，供给树体生长发育，据有关资料显示，4～8年生杨梅每株固氮量为39.77～306.5毫克/天，估算年固氮量3.97～30.65千克/亩*，所以杨梅又被称作"氮素加工厂"和"肥料木"。嫁接苗的接穗部位能自生根，以逐渐取代砧木的根，直至砧根萎缩枯烂。

―――――――――

　　* 1亩≈667平方米

（二）芽

杨梅有叶芽、花芽之分，一般为单芽。每个枝条的顶芽为叶芽，凡着生花芽之节无叶芽，顶芽及其下的四至五个叶芽容易抽发成枝条，其余多为隐芽，不萌发。隐芽寿命长，遇刺激易萌发。花芽圆形饱满，叶芽瘦小，并比花芽的萌动期迟 10~20 天，萌芽后 15 天左右展叶，花芽一般出现于 9 月。

（三）枝和叶

杨梅的枝条节间较短，分枝呈伞状，质脆易断，一年抽梢2~3次，春梢一般抽生于前一年的春梢、夏梢和秋梢上；夏梢多自当年的春梢和采果后的结果枝抽生，秋梢大部分从当年的春梢和夏梢抽生。当年生长充实春、夏、秋梢的腋芽能分化为花芽，成为结果枝。杨梅的枝梢按其性质不同，可分为徒长枝、普通生长枝、结果枝、雄花枝 4 种。

杨梅叶互生，多簇生于枝梢顶端。同一树上的春梢叶片最大，夏叶次之，秋叶最小。生长在幼树上的叶片，其边缘有时有钝锯齿。叶的寿命一般 12~14 个月，自然落叶在春梢抽发前后较多。

（四）树冠

呈圆头形或圆形。枝梢较密，四季常绿，层次性明显。一般嫁接苗从定植后4~5年开始结果，10 年左右进入盛果期，60~70 年后逐渐衰退，寿命长达 100 年以上。

二、开花结果习性

（一）花

杨梅花小，单性，无花被，风媒花。雌花为葇荑花序，每个花序有 6 ~ 31 朵雌花，每朵小花有柱头二裂，呈 "V" 形，个别三裂，鲜红色，同一花序中一般自上而下渐次开放，到了花穗基部附近，很多花退化不开放。也有花穗的中上部先开，以后顺次开向两端，顶端和基部数朵花常退化。在浙江临海 3 月中旬至 4 月上旬开花，整个花期长 20 天左右。雄花为复葇荑花序，着生于叶腋，着生花芽之节无叶芽。雄花序圆筒形或长圆锥形，有土黄色、玫瑰红色或黄红色，每雄花序有花粉 20 万 ~ 25 万粒，开花不分前后，开放时间比雌花略早，约 3 月初到 3 月底，花期长约 1 个月。

杨梅雌雄花异株，但近年来常发现东魁杨梅开雄花现象，以 2012 年最多见，有的一个枝上全部是雄花，有的一个枝上有雄花也有雌花，有的一个花序上既有雌花，亦有雄花，雌花同样能结果，并且坐果率比较高，据 2014 年 5 月 15 日对临海市上游村杨梅调查，在同一株东魁杨梅上，同时开有雄花和雌花的枝，坐果率达 16.6%，全部开雌花的枝，坐果率为 7.1%。据观察，东魁杨梅开雄花，一般翌年恢复正常。

也有发现雄株开雌花的杨梅树，在雄花开谢后，在雄花的基部抽出雌花序，并开花结果。

（二）结果枝

杨梅的结果枝依其长度可分为徒长性结果枝、长果枝、中果枝、短果枝 4 种。

（1）徒长性结果枝。长度超过 30 厘米，其先端着生为数不多的花芽，因生长势较强，开花后多脱落，仅少数结成果实。

（2）长果枝。长 15～30 厘米，其先端 5～6 芽为花芽，因枝条不够充实，结果率不高。

（3）中果枝。枝长 5～15 厘米，除顶芽为叶芽外，其下 10 余节几乎全为花芽，为最佳结果枝。

（4）短果枝。枝长 5 厘米以下，短者仅 1～2 厘米，其下全为花芽，结果也良好。

在 4 种结果枝中，以中、短结果枝结果为主，长果枝结果较少。如小炭梅以短果枝结果为主，东魁、荸荠种均以中、短果枝为主。

此外，据原浙江农业大学园艺系的调查，结果枝占全树总枝数的 40% 左右时，可望达到连年丰产、稳产，如结果枝超过 60%，则大小年结果现象就较明显。

（三）成花率

杨梅的春、夏、秋梢均能成花，但以夏梢为主，如东魁杨梅各类花枝平均花穗数、花穗总量均以夏梢为多，长度在 2～12 厘米的枝梢易成花，短于 2 厘米或长于 20 厘米的枝梢成花率较低。

（四）坐果率

杨梅的春、夏、秋梢均能着果，但以夏梢为主，秋梢因花穗发育差，不易着果。东魁杨梅一个结果枝的花穗数为 4～16 个，其着果率较高，如花穗少于 4 个或多于 16 个时着果率低。斜生结果枝、水平结果枝着果率较高，下垂结果枝次之，直立结果枝最低。杨梅结果枝上的花序以顶端 1～5 节的坐果率最高，特别是第 1 节，占总果数的 20%～45%。杨梅落花落果现象比较严重，一般坐果率仅 2%～5%。据 2014 年 5 月 14 日调查，10 年生东魁杨梅坐果率 4.1%，其中，树冠外围秋梢坐果率 2.0%，树冠中下部春、夏梢坐果率 6.2%。东魁杨梅自开花后约 3 周（4 月 12 日）大量落花，占总花数的 84.21% 左右，其中，树冠外围的秋梢上的花 93% 左右在此期脱落，仅 7% 左右花序结出幼果，中下部及内膛春、夏梢上的花 75% 左右在此期枯萎脱落，约 25% 的花序结出幼果。因此，对于坐果率低的初生旺长树来说，做好此期的保花保果十分必要。开花后约第 4 周（4 月 18 日）出现一次落果高峰，约占总花序数的 11.08%。其中，树冠外围秋梢落果数占总花穗数的 4.07%，树冠中下部春、夏梢占 18.08%。杨梅坐果率高低与春梢抽发关系极大，即杨梅开花后至第一次生理落果前，只要结果枝顶端不抽春梢或迟抽春梢，光合产物集中在花或幼果上，则着果率高，若此期开花的枝条上抽生春梢，必将争夺花和幼果的养分，造成大量落花落果，春梢抽发越多，则着果率越低，低者一般在 1%～3%，甚至全部落光。5 月底 6 月初以后，东魁、荸荠种一般落果较少，而水梅等一些品种，幼果期和采前落果也较严重。

（五）果

杨梅的果为核果，多为圆球形或扁圆形，食用部分是外果皮外层细胞的囊状突起，称为肉柱。果实肉柱长短、粗细、尖钝、软硬主要取决于品种、树龄、立地条件、雨水、结果多少以及成熟度等，果实颜色随品种与成熟度而异，固形物含量多为 7%～13%，可食率 85%～95%。

三、物候期

杨梅的物候期就是与当年气候季节性的变化相吻合的杨梅生长发育的规律性变化日程。各个物候期都反映了杨梅内部生理机能或外部形态上的变化。杨梅的物候期不仅年年重复，而且也有一定的顺序性和规律性。因此，了解和掌握杨梅的物候期，有利于科学地安排栽培管理活动，制定栽培措施。杨梅的物候期因品种、环境条件的不同有较大差异。根据浙江临海上游东魁杨梅物候期的观察，有以下结果。

（一）根系生长期

从 2 月中旬开始，至 12 月下旬结束。整个生长期长达 10 个月多，其中有 3 个生长高峰期。

第一次：2 月下旬开始至 3 月上旬进入旺盛生长期，能见到较多的白色新根。

第二次：5 月上旬至 5 月下旬，在果实迅速膨大期和夏梢萌发期之前，高峰期时间短。

第三次：7 月中旬至 10 月上旬，根的生长高峰期较长，生长量较多。

（二）萌芽期

花芽萌动期为 2 月中下旬，叶芽萌动期为 3 月上旬至下旬，比花芽迟 20 天左右。雄树的叶芽萌动期约在 3 月上旬，雌树要推迟到 3 月中、下旬。

（三）新梢生长期

幼龄树每年萌发新梢 3 ~ 4 次，成年树每年萌发新梢 2 ~ 3 次，其中，4 月上旬至 5 月上旬为春梢生长高峰。杨梅常因春梢旺发，造成大量落花落果，为提高坐果率，应控制早春梢的抽生；6 月下旬果实采收后至 8 月上旬为夏梢的生长高峰期，夏梢是杨梅的主要结果母枝，但夏梢抽生过长，对结果不利，所以，要将夏梢控制在 15 厘米以下，枝粗叶厚为最好；8 月中旬至 9 月底为秋梢的生长高峰期，秋梢萌发会影响春、夏梢上的花芽发育。所以，在春、夏梢数量充足时，应控制秋梢抽生，避免春、夏梢花芽因营养不足而萎缩。

（四）展叶期

幼树春梢初展叶期在 4 月上旬，成年树的春梢在 4 月中旬展叶。5 月叶片生长最快。

（五）落叶期

多在春梢抽发前后，5 月中下旬至 6 月上旬，当春梢停止生长时，落叶达到高峰。

（六）花芽分化期

7 月下旬开始至 11 月底结束，少数持续到 12 月。生理分化期比形态分化期早 15～30 天。先期分化的为雌蕊退化花序，至 8 月上中旬开始，才是正常花序的分化。

（七）开花期

3 月中下旬至 4 月上旬，整个花期为 20 天左右。不同年份的气温、雨量等条件不同，始花期和整个花期会有不同，个别年份花期长达 1 个月。

（八）落花落果期

4 月上旬为东魁杨梅落花期，因萌发春梢而影响坐果。凡是春梢早发、旺发的树体，落花落果严重。4 月中旬至 5 月上旬为落果期，5 月上旬至 6 月初，东魁杨梅常因裂核病、肉葱病的发生引起落果，天气晴好，挂果合理的树一般采前落果较轻。

（九）果实发育期

有2次发育高峰期：第1次是4月下旬至5月上中旬果实硬核前，纵径生长大于横径生长，然后进入硬核期；第2次是6月上、中旬至成熟期。此时果实迅速膨大，并且横径生长占优势，继而转色成熟。

（十）果实成熟期

6月中下旬至7月上旬，但因海拔高度、温度和雨水的影响，成熟期有早有晚。

第五章　良种壮苗培育及高接换种

一、良种壮苗的培育

良种壮苗，是杨梅安全优质、丰产高效栽培的前提和基础。为保证杨梅良种的优良种性，快速繁育优良的杨梅苗木，目前，生产上一般采用嫁接育苗。

（一）种子采集与储藏

杨梅砧木种子多选用荸荠梅、本地水梅的种子，大多取自杨梅加工企业加工后留下的，也有直接从山上野生杨梅上采集，或落地梅、次品梅收集。鲜果采集后，宜选日光不直射的适当场所，将果实摊开堆积，果实高度一般不可超过 15 厘米，以免堆积发酵时温度过高，致使种仁死亡。堆积 4～5 天，待果肉腐烂后，即在流水中冲洗，清除上浮的瘪子，稍晾干即可贮藏待用。贮藏方法可用砂藏法，用 3 份清洁的湿砂混合 1 份种子，砂的含水量约 5% 为宜，湿度过大，种子易霉烂变质。有条件的可将种子放在冷库里冷藏。

野生杨梅果实，每 50 千克可采得种子 10～15 千克，每千克种子约有 2 000 粒，发芽率可达 30%～60%；反之，优良的栽培品种果实种子大，每 50 千克果实仅能采得种子 3～3.5 千克，1 千克种子 800～1 300 粒，发芽率低，20%～30%。

（二）砧木苗培育

1. 浸种与消毒处理

在播种前将种子浸于 50% 多菌灵 600 倍液中 1 ~ 2 天，进行浸种与灭菌，以提高发芽率，然后捞起沥干水分待用。

2. 播种时间与播种量

播种时间以 10 月中下旬至 11 月上旬为宜。为便于覆膜等管理，杨梅一般采用撒播，每亩播种量 600 ~ 800 千克。

3. 种子撒播地苗床制作与播种

（1）苗地选择。苗地以选择水稻田土最适宜，也可选择水源充足、地势平坦、土壤疏松的台地，育苗地切忌连作。

（2）苗床制作与播种。播种前对土地进行深翻晒白、整平，然后筑成宽 1 ~ 1.4 米，高 10 ~ 20 厘米，畦沟宽 30 厘米的畦床，再在畦面上撒上一层红黄壤的新土，使畦面平整，而后将种子均匀地撒播在畦面，种子之间不重叠，播后用木板轻轻将种子压入土中，上覆焦泥灰或细黄土或河沙，厚约 1.5 厘米，以盖住种核为标准，再覆薄草，以防雨水冲刷或表土晒干。至 12 月中旬天冷时，再加薄膜小拱棚保温。苗床要保持一定的湿度，并注意排水及防止鼠类为害。

4. 种子出苗前后的管理

10 月份播种后至 1 月底种子开始萌动，2 月中旬破土出苗。出苗前应揭去地面覆草，出苗后如遇中午太阳光过猛时，要打开小拱棚两头的薄膜通风，以调节温度和湿度，防止日灼病或猝倒病的发生。4 月中下旬可移苗。

5. 实生苗移植地选择与整理

杨梅喜欢酸性土壤，移植苗地宜选择在平坦的山地、台地和水稻田上，土质要疏松，水源要充足，利于干旱时浇水，碱性土、菜园地不宜作苗圃。移苗前对苗圃地应进行深翻，先除去圃内杂草和大石块，施足基肥，每亩土壤表面均匀撒施腐熟猪栏肥或人粪尿 1 500 千克，或饼肥 150 千克，同时，施入 1.5 ~ 2.0 千克的地虫克星颗粒或喷射 1 000 倍 48% 的乐斯本乳油，防止地老虎等地下害虫的危害。然后把基肥深翻于土表下，并经一段时间风化干燥，再作成 1 米宽的畦，畦面平整后即可移苗。

6. 实生小苗移栽

4 月中下旬，小苗长到 5 ~ 6 厘米时即可移植。其目的是切断主侧根，加速细毛根生长，苗木粗壮。移苗前几天，应将小拱棚薄膜揭去进行蹲苗锻炼，并对苗木喷布 50% 多菌灵 500 ~ 600 倍液或 70% 甲基托布津 600 倍液，杀死苗木上的病菌，以防将病菌带入苗圃。移苗应选择无风的阴天，不宜在西北风强烈的天气进行，并带土移植，随挖随种，同时，将苗木周围泥土压实，浇足定根水。小苗移植的株距约 7 ~ 8 厘米，行距约 20 厘米，每亩可移栽 3 万株左右。

7. 实生小苗移栽后的管理

小苗移植后在管理上应注意以下几点。

（1）移植后不能马上施肥。杨梅小苗对肥料反应十分敏感，即使施用少量的薄肥也易引起苗木死亡。要等小苗恢复生长，并长出 5 ~ 6 片新叶后，苗木抗性加强，方可开始浇施薄肥，浓度以 30 千克水掺人粪尿 2 ~ 3 千克或尿素 0.1 千克为宜，以后每隔 15 天左右施 1 次 7% 左右的人粪尿或 2% 三元复合肥，以促进苗木生长粗壮，10 月下旬后停止施肥。

（2）干旱季节应注意灌水。移植后遇天气干旱应及时浇水，7 ~ 8 月干旱季节，当土壤晒白时，应于傍晚引水沟灌，次日清晨排除沟内积水。对难以沟灌的苗圃，要进行畦面浇水，以利苗木正常生长。

（3）勤松土除草，防止土壤板结，防止杂草与苗木争夺养分。

（4）及时做好炭疽病、立枯病、地老虎、卷叶蛾等病虫害的防治。

经过精心培育，实生苗当年高度可达到 50 厘米左右，粗度0.6 厘米，翌年春季即可嫁接。

（三）嫁接苗培育

1. 嫁接时间与方法

杨梅一般采用枝接，嫁接时期从 2 月下旬至 4 月上旬均可，以适当早接为好。接穗宜从正值盛果期的优良品种母株上采集，取生长健壮、无病虫害，直径在 0.5 厘米以上的充实枝条。砧木直径 1 厘米左右的小砧木，可采 1 年生的春梢或夏梢作接穗，直径 2~3 厘米的大砧木，也可采 2~3 年生老枝，其上要有隐芽，成活后才能萌发。接穗剪下后宜立即将叶片全部剪去，以减少水分蒸发。接穗最好随采随用，但野生大砧木就地嫁接时，以贮藏1~2 天嫁接成活率高。常用嫁接方法有以下几种。

（1）切接法。先切取长 6~8 厘米的接穗，其下端的一侧浅削一刀，略带木质部，削面长约 3 厘米，背面也削成 45°的斜面，切面要求平直光滑。砧木留干高 7~10 厘米，预先剪断，选平滑的一侧在木质部与皮部之间，微带木质，用切接刀垂直切下，深比接穗的长削面略浅，然后将已削好的接穗插入砧木切缝，使两者同一侧的形成层互相对准，接穗的切面上部宜高出砧木横断面约 2 毫米，称"露白"，用 1~2 厘米的塑料薄膜带自下而上将接口处及接穗捆缚，接口要扎紧，接穗可保湿，以免水分蒸发枯死。

（2）劈接法。又称割接，常用于较粗的大砧木或高接换种。砧木直径 3 厘米左右者，可接上接穗 1 个，更粗的可接上 2 个或多个。嫁接时将砧木在一定高度截去上部，削平切口，砧木不很粗壮的可用切接刀切开，但大砧木宜用劈接刀或劈柴刀。先切取长 6~8 厘米的接穗,接穗下端左右两侧各削成长 3~4 厘米的削面。砧木于断面中心处垂直劈下,深度稍长于接穗削面。将削好的接穗一侧与砧木相同一侧的形成层相互对齐,接穗削面上方同样露出 1~2 毫米,用塑料薄膜带绑缚接口,接穗和砧木伤口处用接蜡涂抹或用尼龙袋套住。

(3)切腹接法。接穗的切削与劈接相似,但削成一面大一面小的斜楔形。在砧木上距地面 5~10 厘米处,选平滑一侧由浅入深微伤木质部,削一切口,长 4~5 厘米,将切开的皮层切掉 1/2,然后把接穗插入砧木切缝,使接穗与砧木形成层有一侧对齐,再用塑料薄膜带包扎绑紧保湿,在接口上部 1 厘米处剪砧,或等接穗成活萌芽后再剪砧。

杨梅嫁接苗如不移动砧木而在圃地直接嫁接,称之为地接,地接的苗木,因不伤砧木根系,杨梅砧木生长势旺,嫁接后树液上升过多,单宁含量也多,影响成活率,但接活后,生长速度快,苗木粗壮高大。杨梅嫁接一般都把实生砧木苗掘到室内嫁接好以后再移到苗圃,此法称"掘接法",采用掘接法,可阻止树液流动,提高成活率。

2. 地栽嫁接苗种植与培育

(1)嫁接苗种植。在室内嫁接好的苗木,并用薄膜包住保湿或以沙盖根放置,经 5~7 天后选择无风晴天,移植到苗圃。苗圃地应选择"生地",并要求排灌条件良好、土层深厚、质地疏松、有机质含量高的山坡地,切忌苗地连作。栽植前进行深翻整地,开成畦面宽 1.5~2.0 米,畦高 0.2 米的厢面。

掘接苗按一定的株行距在畦面开沟种植,一般株距 8~10 厘米,行距 23~28 厘米,每亩种植 2 万~3 万株。种植时,在种植沟底部撒施少量复合肥,每亩 20 千克左右,施后覆盖一层薄土,使根系不与基肥直接接触,以免伤根。种植后必须培土,将接穗部分用细土埋住,顶端仅露 2~3 厘米长左右。

嫁接苗在 5 月上旬发芽以后，盖土一般自然下塌，不必人为去除。如顶芽仍被土压实，应人为去除露出顶芽 1~2 个，切不可除去所有土壤，否则引起干枯。到 8~9 月除去接口膜带，以免抑制生长。

（2）嫁接苗管理。

①勤除萌蘖：成活后砧木上容易发生大量萌蘖，须经常检查及时多次的除去，以免和接穗争夺养分。

②及时整枝：接穗抽发嫩枝后，选留一垂直、生长旺盛的枝条，其余及时抹去，苗高 50 厘米时及时摘心，使苗木生长充实。

③薄肥勤施：至新梢木质化时开始追肥，可用经腐熟的 1% 的稀薄人粪尿或 0.2% 复合肥浇施，随苗龄增长，肥料浓度适当提高。施肥时避免接触苗叶，每月 1 次，立秋后停止追肥，以利秋梢充实。

④除草防旱：在苗木生长期及时中耕除草，7~8 月干旱季节，如遇缺水，傍晚时及时灌溉或搭棚遮阴，保证苗木生长健壮。

⑤及时防病治虫：在苗期应注意做好立枯病、卷叶蛾、蓑蛾等病虫害的防治，保证苗木健壮生长。

3. 容器嫁接苗培育

杨梅的定植成活率一般比较低，影响杨梅的种植效益和产业的发展。容器育苗具有苗木生长快，移栽季节长，不伤根，成活率高等优点，近年得到了广泛应用。容器育苗技术主要由育苗容器、基质以及管理技术三大部分组成。

（1）容器选择。培育 1 年生嫁接苗一般选择成本低廉，提携轻便的美植袋，上口直径×高为 21 厘米×30 厘米为宜。如培育 2 年生嫁接苗以选择 30 厘米×30 厘米、35 厘米×30 厘米的控根容器或美植袋为好。

（2）基质配制。根据杨梅生长特性，本着就地取材、经济实用为原则。基质配方以选择 70% 黄心土、15% 珍珠岩、15% 泥炭加控释肥 4 千克/立方米，或用 60% 黄心土、15% 珍珠岩、25% 泥炭加控释肥 4 千克/立方米为宜。将基质按比例配好，加适量水将各种原料充分拌匀。基质可用敌克松消毒，每立方米基质用量 60 克，混拌均匀，用薄膜封闭 7 天后备用。

（3）苗床准备。容器育苗最好在网室大棚内进行，棚内安装微喷灌设施，以便于水分管理，地面铺设黑色无纺布，以防长草。

（4）嫁接苗移植。选择无风晴天或阴天，将嫁接好的嫁接苗，移植到容器内。移植时，容器底部先放一些基质，然后将嫁接苗放入容器内，苗木扶直，边加基质边轻轻提苗，使苗木根系伸展，防止窝根，基质加至嫁接口部位，将基质压实，浇定根水，使根与基质充分接触，最后盖上基质至嫁接口以上。栽好后基质要比容器口浅 3 厘米以上，防止浇水时基质溢出。

（5）栽后管理。

①除萌：成活后砧木上容易发生大量萌蘖，须经常检查及时多次的除去，以免和接穗争夺养分。

②摘心：接穗抽发嫩枝后，苗高 30 厘米时及时摘心，使苗木生长充实。

③水分管理：容器苗种植后，特别要加强水分管理，如遇天气干燥，应及时浇水，保持基质一定的湿润，夏秋高温干旱季节，要在早晚喷水，并且一次浇透。

④光照管理：在网室内培育的杨梅容器苗，一般不需要遮阳网，但遇高温干旱，光照过强的情况下，要用 50% 透光度的遮阳网进行遮阳栽培，高温过后要及时除去遮阳网，要尽量让容器苗接受阳光，以利培育壮苗。

⑤施肥：基质中加入了控释肥，一般情况下，培育 1 年生嫁接苗，1 年内不需要施肥，能满足杨梅苗木生长的需要。培育 2

年生苗木，移植第 2 年应增施肥料，以满足苗木生长发育的需要。

⑥除草：在苗木生长期及时除草，保证苗木生长健壮。

⑦防病治虫：应注意做好立枯病、卷叶蛾、蓑蛾等病虫害的防治，保证苗木健壮生长。

（四）成品苗质量要求

苗木的质量应符合表 5-1 的规定。

表 5-1　苗木质量要求

级别	干粗（厘米）	苗高（厘米）	根系	检疫性病虫害
1 级	≥0.6	≥30	发达	无
2 级	≥0.5	≥25	较发达	无

注：干粗指苗木嫁接口以上抽生的新梢基部 2 厘米处干的直径；
苗高指苗木嫁接口至植株顶芽的长度。本标准引自临海市地方标准《临海杨梅》

（五）苗木调运

要在阴天无风时起苗，不宜在干燥天或刮西北风天时起苗，以免影响成活。起苗后要视运输距离摘除全部或部分叶片，短截枝条株高保留 25 厘米左右。要保护好根系，远距离运输要用泥浆蘸根。苗木以 50 株一小捆，100 株一大捆，根部用塑料薄膜包装成筒状保湿。

苗木在装车时，不能堆压过紧，堆放过高。装车后及时启运，要有防风、防晒、防发热、防雨淋措施。苗木从起苗到种植时间越短越好，贮存日期最多不超过 3 天，同时，要做好保鲜防热措施。

容器苗不能直接堆放，要分层放在专用的架子上运输。

二、高接换种

为了适应市场需求，将劣质低产或野生杨梅大树，在适当部位进行嫁接，改换成优良品种，使之提高产量，提高品质，提高市场竞争力，增加经济效益。操作方法如下。

（一）工具和材料准备

嫁接刀或雕花凿、整枝剪、手锯、磨石、5丝薄膜（切成4~6厘米宽的薄膜带），薄膜袋（专用袋或食品袋）。

（二）高接时期

春接掌握在树液大量流动之前，自2月上旬开始至4月上旬均可进行，浙江临海一带以3月上旬至3月下旬成活率最高，往北地区适当延迟，往南地区可适当提早。

（三）高接时天气

以晴天为好，如果下雨天或天气闷热，切口有树液盈满，则成活率低；天气晴燥，切口树液有黏性，则成活率高。

（四）接穗选择

选择品质优良、丰产、稳产母树树冠中上部生长健壮、无病虫害的2年、3年生枝条作接穗，粗度0.8~1.2厘米，长度10厘米以上，剪下后及时去除叶片、细枝，并做好保湿。接穗随采随接成活率高，但野生大砧就地高接以贮藏1~2天为好。

（五）高接树的选择

高接树最好树龄在20年生以下，树体无严重的病虫害或伤残，癌肿病等枝干病斑少，高接部位树皮光滑，未施过多效唑。若树龄过大，愈合能力弱，高接成活率低，可在距地30~50厘米处锯掉大枝，让隐芽萌发抽枝，选留7~8个左右枝条任其生长，其余抹除，翌年春季选4~6支再行高接，其余留作拔水枝，待成活后再剪去。

（六）高接部位和接头数确定

杨梅高接部位要求宜低不宜高。兼顾树形结构，适当分散均匀。高接部位和接头数视原树大小确定，一般2年生幼树离地面15~20厘米处嫁接1个接穗；3~4年生树，在40厘米左右处的主枝、副主枝上高接3~5个；5~7年生在1.0米下接10~15个；8~13年生在树冠1.2米以下接15~20个；13~20年生在树冠1.5米以下接20~25个。

（七）锯树冠

先根据树形原有结构，按照自然开心形，把过多的枝条锯掉，留下的枝条要求错落均匀，不重叠。锯枝时，在枝条离基部15~20厘米较平直光滑处锯断，便于操作。杨梅树伤流大，春季高接时接口处由于大量集中伤流液而抑制愈伤组织的形成，会使成活率大大降低。为提高成活率，全树枝条不能一次性全部锯断，而要保留10%左右枝条作为"拔水枝"引水向上。如全树枝条一次性锯完，则要在最低接口下面40厘米左右处割一圈，即所谓"放水"，将伤流液从接口处的下部导出，可提高成活率。

（八）嫁接方法

主要采用切接法。

（1）削接穗。与小苗切接相同。先切取长6~8厘米的接穗，其下端的一侧浅削一刀略带木质部，削面长 3～4 厘米，背面削成 1 厘米左右斜面，削面必须平整光滑。

（2）切砧。在断口选皮厚、光滑、纹理顺的地方把砧木切面略削少许，再沿皮层内略带木质部垂直切一切口，深度与长削面相同。嫁接口粗度在 5 厘米以上的切 2 个以上切口。

（3）插接穗。把削好的接穗插入切口，长削面朝内，接穗和砧木两边形成层对准，靠紧，如接穗细，必须保证一边的形成层对准。接穗与切口之间露白 2 毫米左右，以利更好愈合。

（4）绑扎。用准备好的薄膜带自下向上将接穗与砧木绑紧，并用薄膜带的一端反包接穗顶部，砧木断面也要用薄膜全部包住；如断面大，接口多，先用薄膜条扎几圈把接穗固定，然后用另一块薄膜将整个接口盖住，然后逐个接穗用薄膜条缠过去，特别是接穗顶部要用薄膜裹住，这样可保持接口和接穗有一定的湿度，且可防止雨水进入，提高成活率。

（5）套袋。用薄膜袋将高接部位套住。

（九）高接后管理

高接后要加强管护，使新树冠尽快育成。

（1）经常检查薄膜袋有无破损，如有破损及时更换。

（2）补接。接后半个月检查成活，发现未成活需当年补接。

（3）除萌。在接芽萌发前，所抽的萌蘖要全部抹除。接芽开始萌芽后，接口下面的萌蘖不要全部抹除，对过长的萌蘖进行摘心，以起到辅养和遮阴作用，等到 9 月新梢长到一定长度后才全部抹除，否则过早抹除易使接口单边燥，新梢易枯死或生长缓慢。如未接活的可选留 2～3 枝健壮的萌蘖，以便来年补接。

（4）去袋破膜。高接后至 4 月接穗开始陆续萌芽，5 月中旬去掉薄膜袋，接芽被薄膜包裹着的，应用刀头细心地将薄膜挑破，让新梢伸出膜外生长。去袋、破膜时要选择在阴天或毛毛雨的气候下进行，有阳光的天气破膜新梢易出现枯死。

（5）摘心。高接后，新梢抽发旺盛，要通过摘心促进分枝加快新树冠的形成。一般新梢长到 15～20 厘米时摘心，以后每枝抽出的梢留 3～5 枝，其余抹除，超过 20 厘米再继续摘心，晚秋梢一律抹除。

（6）撑枝、拉枝。高接后抽发新梢易直立，在嫩梢期可用竹签撑开，木质化后采用拉枝，将角度拉开（但要注意，在枝条软细及先端处拉枝，枝条过粗硬或在其中下部拉枝，容易造成接口断裂）。

（7）立支柱。接活后，接芽生长旺盛，但嫁接口愈合尚不牢固，遇台风、暴雨新梢易被折断，故应立支柱固定新梢。

（8）解膜。9 月选择晴朗无风天气进行松膜，因此时砧穗伤口结合仍不牢固，松膜后需重新包扎，包扎物最好用布条或薄膜条，待翌年春季伤口愈合良好后再解膜（松膜时间要视接口上下生长情况，如出现因缚扎而导致枝条凹陷时要及时松膜，以防影响生长）。

（9）树干保护。对裸露的枝干用折成 4 层的报纸或布条、稻草等包扎，或用白涂料剂刷白，以防晒防日灼。

（10）肥培管理。高接时去掉大量枝叶，易发生营养缺乏症，在每次新梢期可选用磷酸二氢钾、尿素、硼砂、硫酸锌或复合微肥等进行根外追肥，保证枝梢健壮生长。

（11）病虫防治。高接后，新梢易遭褐斑病、卷叶蛾、金龟子等病虫为害，应加强防治。

（12）及时疏果。杨梅高接后，一般需经 3 年才能恢复，因此，在树冠未恢复前要及时疏果，使其叶果比不少于 20：1，促进树冠迅速扩大。

第六章　建园技术

杨梅经济寿命长，建园的好坏将对杨梅生产起着长远的影响，所以建园前应综合考虑杨梅的生物学特性和当地的各种自然条件，搞好建园工作，为安全优质丰产高效打下坚实的基础。

一、园地选择

安全优质丰产杨梅园地选择，重点应考虑以下几种因素。

（一）环境质量要求

产地环境质量要求必须符合无公害食品或绿色食品杨梅产地环境条件要求。

（二）土壤条件

杨梅根系与放线菌共生形成根瘤，能固定大气中游离态氮，形成有机化合物供植物发育所需，所以对土壤肥力要求不高，即使在瘠薄的土壤也能生长良好，但杨梅是一种好气性菌根，种植在排水不良、黏性重的土壤，易引起徒长，投产迟，产量低。因此，建园时要求选择土壤疏松、通气、排水良好，pH 值 4 ~ 6.5，尤其以 5.5 ~ 6.5 最适宜，质地以沙砾土或沙砾土略带黏性的土壤较佳。从指示植物看，凡狼蕨、杜鹃、松、杉等酸性指示植物生长良好的土壤，最适于杨梅种植，易获得早结丰产优质。

（三）海拔高度

海拔要求在 700 米以下，但以 500 米以下为宜。海拔 500 米以上，年均气温在 15℃ 以下，对杨梅的生育不利，冬季遇强低温易造成树皮开裂，影响树体生长甚至枯死。海拔高度对杨梅成熟期影响较大，随着海拔升高，杨梅成熟期推迟，因此，在建园时可合理安排品种，海拔低可发展临海早大梅、荸荠种等早熟品种，使成熟期更早，海拔高可发展东魁、晚稻杨梅等晚熟品种，使成熟期更迟，以延长鲜果的供应期，利用季节差，提高市场的竞争力。

（四）坡度与坡向

种植杨梅 30° 以下的山坡地比平地要好，利于排水和管理。只要光照充足，不论哪一个坡向一般都可种植杨梅，并能获得良好的结果。但对于生长势强的东魁杨梅来说，以选择光照比较充足的坡向为宜，有利于获得早结丰产。对于海拔在 300 米以上的，可选择北坡种植东魁杨梅，成熟迟，可错开销售旺季，提高竞争力。

（五）地理及生态条件

果园最好选在近海或山塘水库旁边，要求有便利的交通、通讯条件，无水源污染及严重的空气污染。对果园四周的植被，应尽量予以保留，给害虫天敌营造一个良好的栖息环境。

二、园地规划

园址确定以后，成片规模种植的杨梅园必须对果园的栽植小区，道路系统，防风林带和水土保持措施制定具体的规划。

（一）小区划分

划分小区，目的在于方便管理，一个小区一般栽一个品种或品系，或多个小区同一个品种品系，规模大的杨梅园，早中晚熟品种应合理搭配，错开熟期，减轻采摘与销售压力。小区可按山形坡向划分，最好不要跨越分水岭。一般采取近似带状的长方形，长边可沿等高线横贯坡面，以利于机械操作和排灌，小区面积依地形和机械操作的要求而定，一般丘陵山地以 10～30 亩为宜。在地势开阔之处，可适当扩大。园地上方留山顶林，利于蓄水和防风防冻。

（二）道路规划

杨梅园道路设置应与小区划分相配合，一般分为干道，支路和操作道。干道要与公路连接，其宽度一般在 5～6 米，可开拖拉机或汽车；支路在小区之间或小区内，一般宽度 3 米左右；操作道在树行间，不另占面积，宽 1～2 米。

（三）水利设施

以有利于水土保持为原则，以蓄为主，能蓄能排，达到旱时可灌水，平时能蓄水。

（1）在果园上沿与林木交界处，开一条环山防洪沟，连接总排水沟，防止洪水冲坏果园，防洪沟大小视上方集雨面积而定。

（2）总排水沟。一般都利用天然水沟，依山势及自然水流路径，再加人工修筑，它常常位于山峡或地势低处，也可设在梯田内侧或道路旁。其沟底和沟壁最好用石砌成，沟壁也可让其自然生草。

（3）每行梯田内侧，均需开设宽 30 厘米，深 20～30 厘米的水沟，每隔 2~4 株挖一小型蓄水坑或筑一小土坝，连接而成竹节沟，使大水能排，小水能蓄。

（4）每公顷配置一个能蓄 30 立方米水的蓄水坑，以解决喷药、施肥，抗旱用水问题。

上述果园规划，是对建设有一定规模的果园而言的，对于农户小面积果园，则应根据园地的立地条件、自身能力，因地制宜地作出道路、水利设施等规划。

三、果园开垦

果园可依据当地山地坡度及人力物力等条件，开垦成等高梯田、等高撩壕及鱼鳞坑。

（一）等高梯田

梯田是改坡地为台地的一种果园水土保持措施，适用于10°~25°的坡地，是杨梅最适宜的种植场地。在建造梯田时，应自下而上，按等高线（可稍向排水沟方向倾斜，比降约 0.3% 左右）逐级筑成。梯壁采用石块、草皮砌成。梯田台面宽度以坡度大小而定，一般为 4~6 米。在坡度不同，凹凸不平的坡面上，等高线之间距离不一。坡度大的地方需去掉一段梯田，而在坡度小梯面过宽的地方需插上一段。梯田台面应保持向内 1°~2° 的倾斜。台面外侧作小土埂，宽约 30 厘米，高 10~15 厘米，保证雨水不致流到下台。

（二）等高撩壕

撩壕是坡地果园改长坡为短坡的一种水土保持措施，适用于坡度为 6°~10°、土层深厚的坡地。在坡面上按等高线挖沟，挖出的土堆放在沟外沿筑壕，使沟的断面和壕的断面成正反相连的弧形，杨梅树沿壕外坡等高栽一行。一般撩壕宽 50～70 厘米，沟深 30 厘米，沟内每隔 5～10 米筑缓水埂，形成竹节状。这样由于壕土较厚，沟旁水分条件较好，因而，幼树的生长发育一般较好。但由于撩壕在沟内沿及壕外沿皆增加了坡度，使两壕之间的坡面较原坡为陡，从而也增强了两壕之间的地表径流，使行间土层变薄，因此生产中可采用生草或间作覆盖，以利水土保持，防止冲刷。

（三）鱼鳞坑

陡坡和复杂地形，或人力、物力不足，修水平梯田或等高撩壕都比较困难时，可以修鱼鳞坑以保持水土。具体方法是：在等高线上根据定植的行株距，确定定植点，然后从上部挖土，修成外高内低半月形小台面，台面外缘用石块或土堆砌。

四、挖定植穴

根据行株距，将定植点设置在离梯田（或鱼鳞坑）外缘 1/3 台面处，以定植点为中心挖穴（表、深土另放），一般定植穴的直径为 1.0～1.2 米，深 0.6～0.8 米，在秋冬挖穴，施足基肥盖土，过冬后春植。基肥每穴施 50 千克焦泥灰或 10 千克草木灰，也可施 25～50 千克腐熟厩肥。

五、苗木栽植

（一）品种的确定

各地应根据当地条件和消费习惯，发展地方特色品种和优势品种，注意品种间成熟期的搭配，以适应市场需求。当前可供选择的品种，早熟品种有临海早大梅、早色、早荸蜜梅；中熟品种有荸荠种、丁岙梅、大炭梅、乌紫梅、黑晶等；晚熟品种有东魁、晚稻杨梅、晚荸蜜梅等。

（二）栽植时期

在浙江临海，杨梅的定植时间以春植为宜，即在杨梅萌芽前的2月上旬至3月中旬栽植。定植应选择在阴天或小雨天进行，特别要注意避免在刮西北燥风天气栽植。

（三）栽植密度

应根据当地气候条件、土壤肥力、品种特性及树冠管理技术而定，土壤肥沃、土层深厚、树势强健的东魁、晚稻杨梅等品种，可栽种得稀一些，反之可栽种得密一些，一般每亩栽植19～33株，其行株距有7米×5米、6米×5米、6米×4米、5米×4米等几种。

（四）苗木选择

苗木质量的好坏直接关系到成活率和幼树能否速生早结丰产优质高效，因此，选购苗木时必须注意，苗木品种要纯正，根系发达，须根多，嫁接口愈合良好，主干粗壮，分枝点基部直径大于0.6厘米，无病虫害和受冻症状。凡就地种植或运输距离近的，以选择经过假植的2年生嫁接苗为好，需长途运输的，以1年生嫁接苗或容器苗为宜。

（五）栽植方法

杨梅定植不当，成活率比较低，要提高杨梅种植成活率，关键是要做到：深、实、靠。其方法如下。

（1）杨梅苗定植前先检查嫁接部位的包扎物是否解开，如仍包扎的应解开包扎物，防止栽后缢干死苗。

（2）栽植时，将要栽植的苗木，在过磷酸钙或钙镁磷肥中蘸根后放入定植穴，苗靠在栽植穴的内壁，扶正苗木，舒展根系，避免根系与基肥直接接触，填入表土至嫁接口时，用脚将四周泥土踏实，注意不能伤根，浇足定根水，然后覆盖松土，深度以第一片基叶或第一个分枝点埋入土中为宜。

（3）定植后要注意保持土壤的湿润，可适当地保留一些原有的树木植皮，苗木根际安放大石块或大块草皮泥，增加根际湿度，提高成活率。种植后还应经常检查，发现死株及时补植，使全园杨梅生长基本一致。高温干旱季节要注意灌水和割草覆盖，但初栽杨梅不能浇肥，即使稀薄的肥料也会引起根系腐烂，严重时植株死亡。

（六）配置授粉树

杨梅为雌雄异株植物，栽植时需配雄树以供授粉之用。雄杨梅有玫瑰红型、红黄型和土黄型三类，其中，以玫瑰红型的花粉生活力最强，授粉坐果率最高，以红黄型为最常见，因此，栽种时应尽可能选择玫瑰红型的雄株作授粉树，雄树比例为0.1%～1%。如果定植后发现未栽植授粉树的，附近又没有雄株的，补救办法，可在雌株上高接雄树枝。

六、大树移栽

（一）杨梅大树移植时间

最好在萌芽前2～3月进行，最迟4月上旬。移栽尽量选择阴天或毛毛雨天气，刮西北风时不宜进行。

（二）移栽前准备

移栽前，先在移植地挖好直径 1～2 米，深 1 米的定植穴，内填少量的小石砾与沙壤土，厚度达 0.5 米以上。被移栽树在挖掘前应对树冠进行整形与修剪，一般先剪去 1/2 左右的树冠，以便于运输和减少水分与养分的消耗。挖掘时需环状开沟，并带钵状的土球挖出后要及时修剪根系，剪齐掘伤根的伤口，将小根盘拢，为提高成活率，可在根部喷生根粉，然后四周最好用稻草绳扎缚固定。掘出后应尽早运到移植地，切忌长时间在阳光下暴晒，以免影响成活率。

（三）栽植

杨梅大树不宜深植，栽植时先放一层松土，将树放入穴内，根系要理直，然后一边填土，一边用木棒在大根周围捣实，其间可将树轻摇几下，使根与土充分接触。填土高度略低于土球，稍加踏实，浇足定根水。然后在其上覆盖比较干燥的松土，高度应略高于穴口平面，再在其上覆盖绿肥、干草或尼龙薄膜，以防止干燥，最后剪去伤残枝。

（四）大树移栽后的管理

（1）定植后如遇天气晴燥，要坚持每天早、晚对树冠、叶片各喷水 1 次，上午 8～9 时，下午 5～6 时。高温干旱时，地面每 1～2 天浇水 1 次，直到成活。

（2）为防止日灼，对主干、主枝及大枝要涂白，（涂料配制方法是：生石灰 0.5 千克，水 3～4 升，食盐 1 汤匙），也可割柴草挂在枝梢遮阴，有条件的搭遮阳网，保护枝干。

第七章　土肥水管理

一、土壤管理

土壤是杨梅根系赖以生存的基础。土壤的理化性质和肥力状况，直接影响着杨梅的生长发育。选择杨梅适宜的土壤，加强杨梅园的土壤管理，是促进杨梅健壮生长的重要环节。

（一）杨梅优质、丰产的土壤条件

（1）土层深度。杨梅根系水平分布广，深入土层60厘米左右，所以，有效土层要求不少于60厘米。一般要求有20厘米表土层，60厘米（20~80厘米）淀积层（心土层），80厘米以下有深厚的母质层。土壤熟化层为40厘米左右。

（2）土壤质地。以沙砾土或沙砾土略带黏性的土壤较佳。具体指标是：黏粒含量（直径小于0.001毫米）10%~30%，沙粒（直径0.001~1毫米）70%~90%，砾石（>1毫米）含量占总量5%~30%。

（3）土壤酸度。杨梅是喜酸性作物，土壤pH值4~6.5均适宜于生长，以5.5~6.5的最为适宜。

（4）土壤养分。土壤有机质3%以上，碱解氮100毫克/千克以上，速效磷15毫克/千克以上，速效钾200毫克/千克以上，有效硼0.5毫克/千克以上。

（二）杨梅园地面管理主要方式

果园地面管理在杨梅周年管理中占有重要的地位。当前杨梅园地面管理的主要方法有清耕法和免耕法。所谓清耕法，即通过耕作来去除杂草，改善果树生长条件，是传统的地面管理方式，目前管理细致的杨梅园土壤基本上都采用清耕制。清耕可维持松散的土壤结构，控制杂草生长，但其缺点较多，最主要的是频繁清耕会大量损伤毛细根，连年清耕会造成土壤有机质匮乏，土壤温度变化剧烈，对根系生长不利，树体早衰减产，果实品质下降。另外，清耕破坏了杨梅生态环境，容易引起病虫害暴发，清耕增加了很多劳动投入，而人工工资的逐年增涨，使得增加人工投入越来越难。清耕还有增加水土流失的风险，我国的杨梅园绝大部分是建在山坡地上，随坡种植，这一风险更严重。因此，清耕制度已不适应生产要求，需要新的替代技术。免耕法对于管理粗放的杨梅园应用最广泛，其优点是可以保持良好的土壤结构，节省了耕作的劳动力投入，但是，喷施除草剂增加了药剂投入及喷药的人工投入，并且使用不当会对果树造成伤害，特别是幼年期，如果除草剂在使用过程中，飘移到幼树上，会造成落叶死亡，同时大量使用除草剂会对土壤、环境造成污染。

（三）土壤管理的方法

随着绿色、有机果品生产制度的快速发展，果园地面管理方法也开始引起人们的重视，成为杨梅现代生产技术体系中的一项重要内容。

1. 土壤改良

（1）深翻扩穴。深翻扩穴是熟化土壤的主要措施。种植杨梅，往往采用"一锄法"，种植穴开得小，杨梅成活后，随着树冠的扩大，根系扩展将受到阻碍，因此，成活后要每年拓宽定植穴。具体方法是从第二年开始，每年2～3月或9～10月间结合施肥，在原定植穴向外扩穴，挖去大石块，铲除杂树、柴根及杂草，以利根系和树冠的生长。采用鱼鳞坑栽植的，由于外侧土壤比较疏松，不必深翻，内侧和株间进行深翻。扩穴深度掌握在30～40厘米，宽度40～50厘米，以根系生长不受影响为度。在扩穴开沟时应把表土单独堆放，翻新土层时应将周围枝叶、杂草、绿肥及农家肥压入新土层中，然后覆回表土，达到有机物保湿腐烂，增加土壤有机质。对定植多年而又从未进行过深翻的大树，原则上要求一次性全园深翻，深度以15～30厘米为宜，靠近树干处浅些，树冠外围可翻深些，尽量少伤粗度1厘米以上的骨干根。

（2）园地培土。陡坡地杨梅园，水土流失比较严重，根系容易暴露在地面，培土可以保护根系，扩大根系伸展范围，达到增强树势，优质丰产。具体方法：秋冬季，就地挖掘山地表土、草皮泥和施焦泥灰、挑客土等，每年或隔年加厚根部土层5～10厘米。

（3）土壤培肥。土壤肥力是土壤本身所特有的性质，由于土壤千差万别，土壤肥力也有高有低。土壤肥力的主要物质基础之一是土壤有机质。有机质在分解时，能释放氮、磷、钾及微量元素供植物生长发育，同时，也能改善土壤物理性状，提高土壤保肥保水能力。增加土壤有机质的有效途径主要是增施有机肥，但适合杨梅施用的有机肥范围比较窄，以草木灰、焦泥灰最适宜，腐熟的人粪尿、豆饼、棉仁饼、绿肥、鹅粪等较为适宜，而鸡粪、鱼肥以及其他含磷较多的有机肥，使用不当会对树体及果实造成不良的影响，甚至枯死，应慎用。城市垃圾要经过无害化处理方可使用。

（4）酸度调节。土壤pH值以5.5～6.5最为适宜，过高过低都会影响杨梅生长。临海位于中亚热带，又濒临海洋，气候温暖而湿润，山地丘陵区岩石矿物的风化作用受地带性支配，经历着脱硅富铝化过程，形成了红色风化壳，其特征是红、黏、酸、瘦。以此为母质，经生物的作用形成了红壤和黄壤。由于在形成过程中受到强淋洗的作用，使钙、镁、钾、钠等盐基物质被淋洗出，土壤胶体复合体中的致酸离子（氢、铝）饱和度逐渐增加，因而土壤反应渐趋酸性，土壤 pH 值 4.7～7.0。当土壤 pH 值小于 5.0 时，应每亩增施石灰 50 千克左右，降低土壤酸度，增强菌根的固氮活性。海岛丘陵红壤由于复盐基的作用，pH 值达到 6.5 以上，应注意施酸性肥料，降低土壤 pH 值。

2. 土壤养护

东南沿海地区，频繁的台风暴雨，山地杨梅园土壤流失也相当严重，特别是全垦清耕果园，地表植皮无存，表土缺乏保护层，一场大雨冲刷，可带走大量泥沙，直径 3～5 厘米左右的砾石几乎一览无余，这除土壤遇水沉降了一部分外，大部分土层均被雨水冲刷流失。土壤侵融流失不仅使山地植物和生态环境遭受严重破坏，而且对江河浅海也带来灾难，山地果园的土壤保护具有现实而深远的意义。

（1）间种绿肥。杨梅园间种绿肥或种植饲草作物，是杨梅生产可持续发展的有效途径。杨梅种植密度比较稀，利用行间隙地种植绿肥，不仅可以经济利用土地，节省锄草的人力，还可防止或减少水土流失，增加土壤有机质含量，改善杨梅园的生态环境，有利于天敌种群数量增大，从而减少农药的用量和对环境的污染，是目前生态栽培最好的土壤管理模式。

杨梅园间作的草种，冬季提倡种黑麦草、二月兰、白三叶等，9～10 月播种，翌年春季翻耕入土。春季提倡种藿香蓟、龙爪稷或印度大绿豆等，4 月中旬气温稳定在 10℃ 以上时播种，在 6 月中下旬伏旱来临前刈割覆盖树盘。具体草种种植方法如下。

①二月兰：系一种一二年生草本植物，生长于林下阴暗处，

对土壤光照等条件要求较低，耐寒旱，生命力顽强。二月兰植株高度在 10～50 厘米，花期始于每年的 2～3 月间，可延续至当年的 6 月，期间陆续开花不绝，花色蓝紫，随着花期的延续，花色逐渐转淡，最终变为白色；果实在 5～6 月间陆续成熟，二月兰种植成熟后的果实自动弹开将内涵的种子广泛散布。二月兰花期长，花色淡雅，且耐寒旱、耐贫瘠，繁殖能力强无需专门养护，既可用作绿肥，又可美化果园，因而最适合用于采摘观光果园的绿化草种，在果园内散播，以形成二月兰花海的效果，也可与黑麦草混播，好似繁星点点，或在果园四周条播，形成花边，增添果园的美感。种植方法：经贮藏处理的种子可以直接播种。播种时间以 9～10 月最为适宜。每亩播种量 1.5 千克左右。二月兰栽培管理较简单，要及时浇水，施肥 1～2 次。

②白三叶：为豆科多年生草本植物，长江以南各省大面积栽培。白三叶喜暖湿气候，生长期最适温度为 19～24℃，适宜中性沙壤，最适土壤 pH 值为 6.5～7.0，不耐盐碱。耐践踏，耐阴，在果园下生长良好，是优良的绿肥草种。可春播也可秋播，秋播不能迟于 10 月。每亩播种量 0.5～1.0 千克，亩产鲜草可达 4 000～5 000 千克。与禾本科的黑麦草、鸭茅等混播时，禾本科与白三叶比例为 2∶1。白三叶适口性好，粗蛋白含量高，又是优良的牧草草种。同时，白三叶生长快，具有匍匐茎，能迅速覆盖地面，具根瘤，也可作为观光果园绿化景观植物。

③一年生黑麦草：是禾本科越年生草本植物，平均寿命 1～2 年，以抗寒耐霜，秋冬生长良好为突出特征。叶片较宽，呈浅绿色，有光泽。在南方温凉湿润地带能够越夏，形成短期多年生长，夏季炎热则生长不良，甚至枯死，最适宜的土壤 pH 值为 6～7，但在 pH 值为 5～8 时仍可适应。种植方法：以秋播为佳，一般在 9 月中下旬至 10 月均可。亩播种量以 1～1.5 千克为宜，播种方法：播深 2 厘米以内。播前可以用清水泡 12 个小时，捞

起后堆放催芽，露白时播种。为了使黑麦草出苗快而整齐，在有条件的地方，可用钙镁磷肥10千克/亩、细土20千克/亩与种子一起拌匀后播种。黑麦草可以点播、条播、撒播；也可单播、混播和套种。播种出苗以后，在没有底肥时，可每亩追施5~10千克氮肥。每次刈割前一天或者刈割后3~5天按每亩5~10千克施氮肥。黑麦草长至35~40厘米高时进行刈割，留高2~3厘米，到翌年6月底前轮流刈割4~5次，亩产可达5 000~10 000千克，每次刈割后应追施10千克速效氮肥对水浇泼一次。黑麦草营养丰富，是畜禽的好饲料。

④日本龙爪稷：为一年生禾本科饲草作物，是夏季优质高产牧草品种。适宜在长江流域各种土壤上种植，并具有较高的耐盐性和耐湿性。鲜草再生性强、适口性好，可喂畜、禽、鱼。该品种可于4月中旬播种，每亩播种量1.5~2.0千克。采用撒播或条播方式。条播行距30厘米，播幅20厘米。撒播畦宽1.5~2.0米，四周开好排水沟。播前要除草后深耕细耙，亩施腐熟有机肥2 500~3 000千克或复合肥30~50千克作基肥。播后覆土1~2厘米。当植株长到60厘米时可刈割利用。每次留茬高度5厘米，以后每次刈割都要适当增加留茬高度。割前7~10天或割后每亩施尿素5~10千克，能明显提高再生草产量和质量。幼苗期易遭受杂草侵害，应除草1~2次。若发现螟虫、黏虫等虫害，应及时喷药。

⑤印尼大绿豆：简称印尼豆。属一年生草本植物，适应性广，抗逆性强，生长势旺，再生能力强，耐割青，割一次可延长营养期30天左右。鲜草产量高，养分含量丰富，一般亩产1 500~2 000千克，利于改善"四园"生态环境，在高温干旱季节，利于降低土温，减少水分蒸发，增强抗旱能力，在多雨季节减少水土流失。据测定，套种比不套种表层土温下降2.4~4℃，地下10厘米土温下降1.1℃，相对湿度提高0.6~1个百分点。

种植方法：宜 4 月中旬~5 月中旬播种，以点播为主，亩播量 0.7~1 千克，每穴 3~4 粒，密度（40~50）厘米×（40~50）厘米。割青作肥料（饲料）为主或土壤过瘦则密度为 33 厘米×33 厘米。园地套种亩播种量可酌减。播种时，一般亩施磷肥 20~25 千克，钾肥 5 千克作基肥。新垦地和过瘦地应结合中耕亩施尿素 3~5 千克加水或人粪尿 4~5 担浇施。苗高 10 厘米左右、定苗补缺，一般每穴定苗 2~3 株，并中耕除草。株高 60 厘米左右或现蕾时为宜割期，留茬 20 厘米以利再生。4 月中下旬播种的，一般可割青 2~3 次，但留种地最后一次割青应在 8 月中旬结束。

（2）园地生草。对于树冠覆盖度大，不能套种绿肥的园地，全垦园的梯壁以及鱼鳞坑外的空隙地，提倡生草法，长期生草能提高土壤肥力、增强土壤蓄水保墒能力，可防止水土流失，果园生草不必每年进行土壤耕翻和除草，每年只需割几次草，既节省了人工费用，又利于果园推行机械作业，省人力，提高了劳动效率。但木本植物和高秆草本植物应及时砍伐或者挖除，一般每年割草 2~3 次，控制其高度，免得与杨梅争夺阳光、养分。

（3）地膜覆盖。地膜覆盖是改善土壤物理性能，避免雨水冲刷，台风季节防倒伏的一项重要措施。台风暴雨来临前，地面覆盖薄膜，膜下土壤干燥坚硬，台风来时树体不易摇动，树体被台风刮走的概率大大降低，因此，台风来临前地膜覆盖，可起到固树抗风，减轻台风暴雨的危害。此外，开花前的 2 月覆盖，可起到壮花保果，4~5 月覆盖，可提早成熟。地膜覆盖要选用无毒、耐用、透气的地膜，防台风时最好进行全园覆盖。

（4）树盘覆草。幼树栽种后，须于 6 月中下旬高温干旱来临前，在树盘覆盖绿肥、嫩柴草、杂草等，厚 10~15 厘米，用泥土压住，防止被风吹走。覆盖物应离主干 30 厘米，以免虫害或腐烂发酵灼伤树干。

（5）园地维修。台风暴雨过后，山地杨梅园土壤流失严重，要及时清理竹节沟，维修梯田道路，以利水土保持。具体方法详见建园章节。

二、肥料管理

施肥是杨梅生长发育过程中补充所需营养的一项重要措施。合理施肥能够加速杨梅幼树的生长，促进花芽分化，减少落花落果，缩小大小年幅度，提高果实品质，延长结果寿命。传统栽培中，杨梅很少施肥，过去有句农谚："上山摘杨梅，下山一斗灰"，这就是当时杨梅施肥的真实写照。由于传统杨梅种植后很少施肥，幼年期生长缓慢，进入结果期迟；结果树由于不能及时补充消耗的营养，果实小，产量低，大小年明显。近年来，由于杨梅价格高，效益好，果农在肥培管理方面积极性很高，往往又走向施肥过多的极端，造成树势过于强旺，枝梢徒长，开花少，有的即使开花，坐果率也很低，甚至造成肥害引起植株死亡，不仅增加了成本，而且对杨梅生产带来严重影响。因此，要想使杨梅获得早结丰产、安全优质高效，就必须根据杨梅的需肥特点和根系的生长特性，进行合理施肥，使树体营养供需平衡，保持中庸的树势。

（一）主要矿质元素作用及缺乏时的矫治

1. 氮

氮是树体和果实中蛋白质、核酸和氨基酸的主要成分，是叶绿素、酶及一些维生素的组成成分，在杨梅树体中大部分氮是供生殖器官和嫩梢生长发育之用。如果施氮过多，会造成枝梢徒长，影响结果，果实偏酸，不耐贮运，容易产生病虫为害。但氮肥不足，则叶片发黄变小、较薄，枝梢生长不良且发生数减少，翌年结果枝减少，树势衰弱，大小年更明显，所以应视树体长势适量施用氮肥。

2. 磷

磷是形成花芽原基的必需物质，可促进花芽分化，增加花量，提高着果率，同时，磷能促进杨梅新根的发生和生长，提高根系吸收能力，增强杨梅的抗旱和抗寒能力。缺磷时，新梢和根系生长减弱，叶片变小且缺乏光泽、严重时引起早期落叶，花芽分化不良，果实色泽不鲜艳、含糖量低，影响产量和品质。但若磷过多，也会造成较大危害，如结果过多，果实品质差，树体早衰，甚至死亡。

3. 钾

钾是多种酶的活化剂，能促进杨梅的新陈代谢、碳水化合物的合成、运输和转运、对提高杨梅的抗逆性、促进果实增大和品质的提高有明显作用，是杨梅需求量最大的元素。一方面，钾能促进果实同化养分的积累，对幼果早期细胞分裂有促进作用，另一方面，钾能发生水合作用，使鲜果中水分百分比增加，果实达到充分肥大。缺钾杨梅老叶的叶尖和叶缘先黄化，但不枯焦，果实小，着色差，品质劣，产量低。

4. 硼

硼能促进碳水化合物的运转、花粉管的发育和伸长，有利于受精结实，提高坐果率。硼还可以改善根系中的氧供应，促进根系发育，提高果实维生素和糖的含量。缺硼树体生长衰弱，枝条顶端小叶簇生、新梢焦枯或多年生枝条枯死等症状，同时，着花着果不良，产量降低，花前补硼能提高结果率。但硼素过多也会引起毒害作用，尤其是在幼果期过多喷施，易造成肉质变软，影响果实贮藏性。喷消石灰可抑制对硼的过量吸收。

5. 锌

锌是某些酶的组成部分，与叶绿素、生长素的形成及细胞内的氧还原作用有关，能够提高植物的抗逆性。杨梅缺锌，植株矮小，节间短，叶小，叶片丛生，叶脉间失绿发白。矫治缺锌，可在嫩梢期喷布0.2%～0.3%硫酸锌溶液，或用0.1%～0.2%的氧化锌。老叶不易吸收，在喷施时，对嫩叶喷施提高效果，但浓度不宜过高，以免灼伤叶片。

6. 镁

镁是植物光合作用的主要物质——叶绿素的组成元素。植株缺镁，通常在生长后期，首先在较老叶片的叶尖或叶缘开始黄化，并向叶脉间蔓延，使叶缘两侧的中部出现黄色条斑，最后整个叶片只有基部留下一个界限明显的绿色倒"V"字形。严重时叶片全部黄化，提早落叶，树体生长发育受阻。矫治缺镁症，可喷施1%硫酸镁，或1%硝酸镁溶液，每隔10天喷1次，连续2～3次。

7. 钙

钙是杨梅生长发育不可缺少的营养元素。它能调节树体内的酸碱度，促进根系生长和吸收，钙能增加果实硬度，延长果实的贮藏时间。缺钙会使碳水化合物转运受阻，土壤理化性状变劣，影响树体生长和果实品质。矫治缺钙症，新叶期树冠喷施0.3%～0.5%硝酸钙，或用0.3%磷酸氢钙溶液，或用0.3%氯化钙溶液。或地面撒施石灰，每亩用量30～50千克。

8. 钼

钼是菌根固氮酶的组成成分，适量的钼肥能促进杨梅植株的生长和结瘤固氮，显著提高固氮酶活性，提高杨梅的结果率。酸性土壤，特别是酸性砂土中容易缺钼，土壤中锰、磷、硫含量过多，也会诱发缺钼症。表现为叶脉间黄化，植株矮小，严重时致死。但钼过剩也会使植株致死。矫治缺钼症，最有效的方法是喷施0.01%钼酸铵或钼酸钠。

9. 铜

铜是某些酶的组成部分。它与叶绿素结合，可防止叶绿素受破坏。杨梅缺铜初期，叶片大，叶色暗绿，新梢长软，略带弯曲。严重时梢尖和叶尖枯萎，花器发育受阻。矫治缺铜症，可喷施 0.01% ~ 0.02% 的硫酸铜溶液或其他铜制剂农药，在高温季节，应注意浓度和用量不要过大，以防灼伤叶片。

10. 锰

锰是树体内各种代谢作用的催化剂。缺锰、缺铁和缺镁的症状虽然都表现为叶脉间缺绿，但缺锰时新叶上具有明显的网状绿色叶脉，而叶片大小正常，无光泽，老叶新叶均可发生，在树遮阴面的叶片上发生更多，严重时全叶发黄，提早落叶，植株生长受阻，矮化。但锰过多，又会使植株中毒，引起异常落叶。缺锰症的矫治，可在新梢转绿期，树冠喷施 0.1% ~ 0.3% 硫酸锰溶液。

（二）杨梅需肥特点

根据有关研究结果，"东魁"杨梅每吨果实含氮 1.3 ~ 1.4千克，五氧化二磷 0.05 千克，氧化钾 1.4 ~ 1.5 千克，果实氮、磷、钾含量比例关系为 20：1：26。12 年生结果树中，叶的氮、磷、钾含量比例为 18：1：15，根的氮磷钾的含量比例为18：1：19，枝的氮、磷、钾含量比例约 21：1：21。东魁杨梅未结果幼年树（18 株/亩）年养分吸收量为氮 2.62 千克，五氧化二磷 0.37 千克，氧化钾 2.42 千克，氮、磷、钾吸收比例为100：14：92。结果成年树（18 株/亩，产量 1 350 千克）年养分吸收量，氮、五氧化二磷、氧化钾，依次为 9.4 千克、0.9 千克、10.6 千克，吸收比例为 100：10：113。

由上可见，杨梅果实、根、枝、叶中磷的含量均较低，无论是幼年树还是成年树，杨梅对磷的吸收量也都较低，仅占总量的

2.7%和2.3%，而对钾的需要量多，约占总量的44.7%和50.7%。杨梅树体对磷的需要量特别低，而对钾的需要量多是杨梅营养生理的一大特性。杨梅虽然也需要较多的氮，但因杨梅根系本身具有丰富的菌根，因此，能合成并供给自身一部分氮素。

杨梅每吨果实所需的无机营养成分普遍较低。与温州蜜柑相比，氮、氧化钾为每吨温州蜜橘果实的1/2，氧化镁为每吨温州蜜橘果实的1/3，磷酸根和氧化钙仅为每吨温州蜜橘果实的1/8。

根据杨梅的需肥特点、根系生长特性，按照平衡施肥法，杨梅施肥应以钾肥为主（如草木灰、硫酸钾等），适施氮肥，少施磷肥，适当补充硼、锌、钼、镁等微量元素。

应指出的是，杨梅对磷的需要量低，尤其是成年树，施用过多，会造成开花结果过多、果小、味酸、核大，品质下降，甚至造成树皮开裂等，但磷又是形成花芽原基的必需物质，因此，根据需要适当施用还是必要的，尤其在初生旺长树不易成花的情况下，适当施用磷肥，有利于促进花芽的分化，增加花量，促进结果。但在使用时要注意不能单独过量施用，采取隔年施。

（三）施肥原则

杨梅施肥，应综合考虑园地土壤、品种特性、气候变化、肥源及其他栽培措施，才能达到施肥的预期目的，通常施肥中应掌握如下原则。

1. 看土施肥

不同的土壤，其理化性状和生物性状不同，对肥料种类、施肥量及其在土壤中的变化均有不同的影响。所以，杨梅施肥要根据土壤的种类及性状，确定施用的肥料种类、具体数量和施用方法。

2. 看树施肥

杨梅的品种不同，树龄、树势、结果量等不同，其施用肥料的种类和数量也应不同，所以要应树施肥。

3. 看天施肥

气温、雨量、空气湿度、光照和风等，对土壤、树体的营养元素以及根系和叶片（叶面喷施）对营养元素的吸收，均有不同程度的影响。所以应根据具体的气候条件进行施肥。

4. 有效施肥

要综合考虑土壤、树体、气候和栽培条件，采用有机肥、复合肥、无机肥相结合，氮、磷、钾及其他元素相结合的方法，利用先进技术进行施肥，做到既不污染环境，又能提高肥料的利用率，使各种元素发挥最大的经济效益。

（四）不同时期的土壤施肥

杨梅不同时期对肥料的种类、用量的需求不同，施肥时应区别对待（以东魁例）。

1. 幼年树施肥

幼年树杨梅施肥，以促为主，先促后控。1～3 年生幼年树，以追施速效氮肥为主，每次抽梢前 10～15 天施 1 次，每株施稀薄人粪尿 2～3 千克或尿素 0.05～0.1 千克，或进口三元复合肥 0.1～0.2 千克，加水施入，待新梢老熟前再进行一次根外追肥，促进壮梢老熟，随着树冠的扩大，适当增加施肥量，促进春、夏、早秋梢抽发健壮，尽快扩大树冠。第四年开始增施钾肥，每株施草木灰或焦泥灰 2～5 千克或硫酸钾 0.2～0.25 千克，以缓和树势，促进花芽分化，为结果打下基础。

2. 初投产树施肥

初投产杨梅树由于枝梢生长旺盛（特别是东魁杨梅），容易出现少花，或者花量虽多，坐果率却低，梢、果矛盾十分突出。为调节梢果之间的矛盾，增加花量，提高坐果率，此期施肥要控氮、增钾、适磷，补硼、锌、钼等微量元素，控制树体生长过旺，保持中庸树势。一般于采果后，株施草木灰 5～10 千克或硫酸钾 0.5～0.75 千克，加硼砂 20～50 克，少花旺长树可施磷肥 0.25～0.3 千克，促进花芽分化，增加花量。树势强旺的树地面不施肥。

3. 成年结果树施肥

成年结果树，随着结果量的增加，树体消耗大量养分，树势趋于中庸甚至衰弱，此期施肥目的是及时补充营养，使生长与结果处于平衡，达到稳产丰产，延长经济寿命。施肥总的原则是：钾肥为主，适施氮肥，少施磷肥。

（1）采后肥。关键在于施得及时，要求 7 月上旬抓紧施下，最迟在 7 月 15 号前完成，其目的是恢复树势促进夏梢抽生和花芽分化。肥料以有机肥和钾肥为主，适施氮肥，施肥量：按株产 50 千克计，每株施焦泥灰 25～30 千克或腐熟豆饼 2～3 千克加焦泥灰 15 千克（或硫酸钾 0.5～1 千克），树势衰弱的可加 0.2～0.5 千克尿素或复合肥，但要注意，如采果后树势较强且已有足量的春梢、夏梢，就不宜施用速效氮素肥料，或将采后肥推迟到 11 月施，否则当年不易形成花芽。

（2）春肥。2 月上中旬看树施，对花量多、树势中等或偏弱的树，一般株施硫酸钾 0.5～1 千克，或草木灰 15～20 千克，树势衰弱的可加 0.1～0.2 千克尿素，目的是满足开花、坐果和春梢生长的需要，树势强或花量少的不施。

（3）壮果肥。4 月底至 5 月初看树况施，挂果多、树势弱的树，一般株施硫酸钾 0.25～1 千克，促进幼果发育膨大，树势强、挂果少的树不施。施壮果肥应特别注意时间，在生产实际中经常碰到一些果农因施肥过迟，造成果实不能正常成熟，影响品质，甚至有产无收。

以上 3 次施肥，在实际生产中，不是每次都要施，而是要根据树体生长情况，确定施或不施，多施或少施，一般每年施 1～

2 次，在树势特别旺盛时可全年都不进行地面施肥，以缓和树势，促进结果。

（五）施肥方法

根据梯田或坡地的具体条件，常采用表面撒施，施后覆土，或在树冠滴水线外围开环沟、长沟、放射状沟、穴状施肥。如坡度较大的园地，也可将肥料施在上山坡，施后即覆土。杨梅肉质根容易损伤，开沟挖穴时注意少伤根。

（六）根外追肥

在杨梅生产过程中如发现因营养元素供给不足，而影响树体正常生长发育时可根外追肥，及时补充营养。

1. 开花前

以补硼、补锌为主，目的是提高花的质量，促进开花结果。肥料种类有：0.1% ~0.2% 硼砂（酸）、0.2% ~0.3% 磷酸二氢钾、0.2% ~0.3% 硫酸锌溶液等。

2. 幼果期

主要是补充多种营养元素，促进幼果发育，减少落果和畸形果发生。肥料种类有：0.2% 磷酸二氢钾、绿芬威 1 号 1 000 倍液、0.2% ~0.3% 硫酸钾、富万钾 600 ~900 倍液、1% 过磷酸钙浸出液、高美施 600 ~800 倍液等，果实转色期喷含钙叶面肥（如翠康钙宝 1 500 倍液或 0.3% 氯化钙等）1 次，增加果实硬度，提高贮藏性能，但喷钙肥次数不能过多，浓度不能过浓，否则果实过硬，影响品质。整个幼果期根据生长结果情况喷 2 ~3 次，每次选择 1 ~2 种肥料，不能滥用。

3. 采果后

主要目的促进树势恢复。肥料种类有：0.2% 磷酸二氢钾、0.2% ~0.3% 尿素液、0.01% ~0.02% 钼酸铵液、0.2% 硫酸镁、

0.3%～0.4%波尔多液（既可预防褐斑病，又可补铜补钙）等。

以上提供的叶面肥，应根据需要有选择地进行使用，并且在幼果期使用时，不要与农药混合使用，以免产生药害。根外追肥最好在上午10时前与下午4时以后进行，并将叶背喷湿，有利于提高肥效。

三、水分管理

水分是杨梅生长发育的重要物质基础，它主要是靠杨梅根系从土壤中吸取来供生长发育需要。杨梅在果实膨大期、果实成熟期、花芽分化期对水分比较敏感，此期水分过多过少都会对品质、产量及花芽分化造成较大的影响，有条件的果园可采取人工灌水、控水措施，达到旱涝保丰收。

（一）人工灌水

果实膨大期，杨梅对水分要求较多。果实膨大期如遇干旱，会影响果实的发育和膨大，降低品质和产量，因此，应进行人工灌水。灌水量：成年树每株灌水200～500千克，结果大树、结果多的树或弱树可多些，反之则少些。沙性重的少量多次，灌水深度以水分浸透杨梅整个根分布层0～40厘米深为宜，切忌只灌水于土壤表层，这样反而易造成土壤表面板结，不利于杨梅生长。灌溉的水质应符合NY/T 391—2000标准中的农田灌溉水质标准规定。

（二）避雨栽培

杨梅成熟期正值"梅雨"季节，雨水过多会使果实糖度降低，风味淡，品质降低，甚至果实挂在树上就腐烂，即"树头烂"，损失惨重。预防措施：在合理疏果，加强管理的基础上，可采用避雨伞或棚架式薄膜覆盖，或利用现成的防虫帐支架。覆盖时间一般在杨梅采收前5~7天，过早覆盖会使成熟期推迟。覆盖物离树冠顶部不少于0.5米，以免灼伤果实。覆盖面视树冠大小而定，以果实避开雨淋为准。覆盖后，如遇气温较高。日照强烈的天气，要及时揭膜通风或用遮阳网遮阴，采果后立即将覆盖物除去。

（三）套种绿肥与柴草覆盖保湿

在土壤瘠薄园地应采取树盘套种绿肥和柴草覆盖，提高土壤的抗旱能力。

第八章　整形修剪

　　整形修剪就是在杨梅苗木定植后，人为地运用疏删、短截、回缩、除萌、摘心、拉枝、环割环剥等技术措施，对杨梅树枝梢进行处理，使杨梅植株形成和维持合理的树体结构，充分利用光能和空间，使树冠矮化开张，上下、内外立体结果，既提高产量，又增进品质，还可以调节生长与结果的矛盾，缩小大小年结果的幅度，延长树体结果寿命，从而实现早结果、丰产、稳产、优质、安全和高效的目的。

一、幼树整形

（一）树形的选择

　　合理的树形是杨梅早结果、优质、丰产、稳产的基础。根据杨梅生长的环境条件和生物学特性，以及杨梅果形小、疏果、采果较为费工等特点，杨梅优质丰产树形以选择低主干自然开心形或低主干疏散分层形为宜，这两种树形主干低，缩短了地下部的根与地上部枝叶之间养分的运输距离，有利于壮树和结果；树冠矮，可以减轻风害，提高杨梅的抗逆性，便于果园管理和采收；骨干枝数量少，并向四周及上方伸展，且从属分明，使树冠内阳光通透性好，内膛充实，立体结果、品质好、产量高、大小年结果现象少；这两种树形符合杨梅生长的自然特性，整形容易，修剪量轻，树冠能迅速扩大，进入结果期早，果实发育良好，易获得早结果，并且优质丰产稳产。

（二）低主干自然开心形

1. 基本结构

主干高 5~15 厘米，或无主干，主枝 3~4 个，主枝在主干上分布的角度均匀，间隔距离适当，主枝基角为 45°~50°。每主枝上配置 3~4 个副主枝，在主枝、副主枝适当部位配置侧枝和结果枝群，树高控制在 3 米以下。

2. 整形方法

（1）边长边整。第 1 年，苗木定植后，在离地 25~30 厘米处定干，剪口下 20 厘米左右为整形带，春季发芽后，将整形带以下抽发的新梢全部抹除，作为主干。在整形带内选留 3~4 个生长健壮，分布角度和枝间距离适当的新梢作为主枝，其余枝梢过强过密的从基部抹除，剩下的枝梢留 15 厘米反复摘心，作为辅养枝，以促进树干肥大充实，留作主枝的枝条尽量使其以 45°角向上延伸，任其生长。

第 2 年，春季萌芽前适当短剪所留主枝先端不充实部分，春梢抽发后，在先端选一生长强壮的作为主枝延长枝，在主枝距主干 60 厘米左右处的侧下方，选生长势稍弱于主枝的枝梢作为第一副主枝，同一级别的副主枝选留方向相同，对当年抽发的新梢进行摘心，过密的从基部抹除。到秋季，按树形的要求，对主枝、副主枝的方向、角度不当的，要通过撑枝、拉枝、吊枝等措施及时进行调整，保持主枝与主干基角为 45°~50°。秋季停梢后剪去主枝、副主枝延长枝上不充实部分。

第 3 年，在主枝上选留第二副主枝，第二副主枝与第一副主枝相隔 50 厘米左右，同时，将第一副主枝上的侧枝留 30 厘米左右短截，继续调整主枝、副主枝的方向和角度。

第4年，继续延长主枝和副主枝，在距第二副主枝对侧40厘米左右处选留第三副主枝，并在主枝、副主枝上继续培养侧枝和结果枝群，在不影响通风条件下，应尽量多留侧枝，使树冠尽快扩大，尽早进入结果期，通过4~5年培养，优质丰产的低主干自然开心形的培育即可完成。

（2）先放后理。种植第1年对苗木留25~30厘米定干，定干后3年内任其自然生长，促进树冠迅速扩大，增加枝量，到第4年去掉中心直立枝，选留3~4个分布均匀，长势强健，向上斜立的大枝作为主枝，在主枝上选留副主枝，如主枝、副主枝生长方向、角度不适宜的可通过拉枝、撑枝、吊枝等措施调整，使主枝与主干基角为45°~50°，位置不当的或过密的大枝、徒长枝、直立枝从基部去掉。其余大枝和直立侧枝向下拉枝，促进树冠开张，缓和树势，使其形成凹凸、立体结果的树形，内膛枝尽量多保留，为花芽分化、提早结果奠定基础。拉枝后抽发的背上直立枝，应及时抹除。第4至第5年开始内膛及下部适量挂果，主枝、副主枝继续延长，以便在结果的同时，进一步扩大树冠、完善树形。采用这种方法整形，化工少，操作简单，便于掌握。在整形过程中，符合幼年期先促后控，轻剪缓放的修剪原则。枝梢修剪量少，树冠扩大快，进入结果期早，管理得好，东魁杨梅第4、第5年投产，第6年株产可达20~30千克，是目前生产实际中应用较普遍的一种方法。

（三）低主干疏散分层形

对树形比较直立、生长势比较强的品种，可采用疏散分层形的整形方法，即种植第1年对苗木留25~30厘米定干，定干后3年内任其生长，树冠一般呈自然圆头形，第4年11月秋季修剪时，将整个圆头形树冠分成上下两层，在上下两层之间将向上的直立大枝从基部剪去，打开光路，小枝基本不剪，让其结果，上层大枝过密的适当删除，这样修剪后，树冠立即从较直立的圆头形变为下部开张、中部凹凸、光照充足、上下二层的疏散分层形树形，克服了自然圆头形光照不足，进入盛果期后，骨干枝光秃、结果部位上移、表面结果的问题。这种修剪方法，进入结果期早，产量高，但要避免出现上强下弱的问题。

二、成年树修剪

幼树整形好以后，为维持优质丰产的树体结构，调整生长与结果的关系，促进生殖生长与营养生长的平衡，达到持续优质、丰产、稳产的目的，应根据杨梅的生长、开花结果习性，每年必须对树冠内的枝条进行合理的修剪。

（一）修剪的原则

（1）因树制宜。根据不同品种，其生长势不同，修剪方法也不同。如东魁杨梅生长势强，枝条稍稀疏，挂果欠紧凑，故幼树初期多短截少疏删，促发枝梢，增加分枝级数；幼树后期及结果初期，采取少剪多放的疏删修剪法；生长势中庸的荸荠种、临海早大梅等则采用生长与结果兼顾、疏删与短截相结合的修剪法；对生长势弱的品种，采取先短截后长放修剪法，促进开花结果。树龄不同，修剪方法也不同，幼树以整形为主，修剪宜轻；初结果树仍以轻剪、疏剪为主，少短截，促进结果；盛果树修剪要适度，疏删短截相结合，以保持树势健壮，延长经济寿命；衰老树以回缩为主，以促进更新复壮。强树轻剪少短截；弱树重剪，多短截。大年宜重剪，小年宜轻剪。

（2）控上促下，控外促内。杨梅枝梢顶端优势较明显，枝条密集，修剪不当或任其生长往往造成上强下弱，树冠高大，外围枝梢密集，内膛空虚，结果部位外移，因此，在修剪时要控上促下，控外促内，抑制顶端优势，促进树势开张，缓和树势，切忌剪下不剪上，剪内不剪外，避免树冠出现平面结果的伞形结构。

（3）去直留斜，去强留中庸。根据杨梅开花结果习性，东魁杨梅直立枝、强枝不易成花，坐果率低，所结果实品质差，而斜生枝、中庸枝成花容易，春梢萌发迟而短，坐果率高，所结果实品质好，因此修剪时将直立枝、强枝、徒长枝去掉，使树体保持中庸树势。

（二）杨梅修剪主要技术

（1）短截。从枝条中部剪去部分枝条。目的是刺激剪口下的芽萌发，促进多发新梢，更新结果母枝，衰弱树的更新复壮。幼树后期、初结果树不可短截过多、过重，否则不利于养分的积累和花芽分化，结果期推迟。

（2）疏删。从枝条的基部剪去枝条或枝群。主要用于对过密的侧枝、辅养枝、结果枝以及主枝和副主枝背上的直立枝、位置不当的徒长枝，树冠顶部过旺的强枝或对树冠造型时过多大枝等进行删除。一般幼树时期，暂时宜尽量多保留，以利树体营养良好，但对于扰乱树形的枝，宜及早除去。

（3）回缩。将多年生枝剪去一部分。回缩与短截方法类同，但与短截比较，控枝强度，促发下梢作用大，修剪量多，往往是对枝组修剪而言。主要应用于多年生枝和结果枝组，目的是使留下的枝条长势加强，更新复壮。

（4）除萌。将抽出的无用萌芽从基部抹除。疏除主要对象是主干基部发生的徒长枝，主枝、副主枝及大型辅养枝背上发生的过强枝，剪口下方抽发多余的枝，避免扰乱树形，防止树冠郁闭和养分无效消耗。

（5）摘心。在新梢停止生长前，摘除或剪去新梢的先端部分。主要用于幼树和旺长树。目的是限制新梢的伸长生长，减少养分消耗，促发二次生长发育枝，增加分枝级数，迅速扩大树冠，加速整形，促进花芽分化，提高坐果率。

（6）拉枝。把枝条向水平方向拉开至所需的角度。其目的是让树冠开张，阳光通透，缓和树势，促进花芽分化，提高着果率，并可提早结果。这种方法在杨梅幼树整形，初投产树促产中应用普遍。

（7）撑枝。对着生角度小的枝条，最好在其半木质化前，在距新梢5厘米左右处，或被支撑枝条的中下部，用适当长度的竹签插入基枝和新梢皮层将角度支开，或用硬木支撑开枝条基角的方法，其目的与拉枝相同。

（8）环割、环剥。在枝条的一定部位用刀螺旋形环割，深达木质部，或用刀在枝条上以相当间隔环切二圈，剥去其间树皮。目的是促使生长过旺不易形成花芽的初投产树开花结果，以及用于春梢旺长，落花落果严重的青壮树，提高其坐果率。环割或环剥后可使光合产物停留在上部，以促进花芽形成，提高坐果率与产量。为提高坐果率可在花谢2/3时进行环割或环剥，为促进花芽分化可在6～7月进行。促花保果的效应，环剥明显优于环割，但环剥的宽度要掌握适当，一般宽度在3毫米左右，枝条大的可适当加宽，剥得过宽的枝条要用黑色尼龙薄膜包扎保湿补救。过狭效果不明显的，可在割缝层将近愈合时，用指甲或小刀刮破形成层，可提高效果。环剥后其下方极易发芽、要及时抹去。

（三）修剪的时期和方法

1. 夏季修剪

结果树以采后的大枝修剪为主，要求在7月中旬前完成。一般只疏删不短截，树形骨架比较好的，宜轻剪或不剪；对树冠零乱，高大郁闭的杨梅树，以降冠为目的，每年锯除树冠顶部的直立性枝序 1~2 个，"开天窗"，降低树冠高度，大树分 2~3 年完成，同时，删除树冠外围密生枝、交叉枝、重叠枝、病虫枝、枯枝，回缩拖地枝，促进树体开心通透，内膛光秃枝留桩 15 厘米左右短截，也可全枝删除，促发内膛新梢抽发，并对抽发的新梢留 20 厘米左右及时摘心，促进枝梢粗壮，增加分枝级数，培养成结果枝组。大枝修剪后，裸露的枝干要用布片、报纸或者稻草等包扎保护，以免枝干晒伤晒裂。对初生旺长树或少花青壮树进行拉枝、环割或环剥，缓和树势，促进花芽分化，为明年提供充足优质的结果母枝。

2. 冬季修剪

11 月至翌年 2 月。强树宜早剪，以 11 月至 12 月上旬修剪为宜，此期修剪既可避免抽发晚秋梢和冻害，又可使来年的春梢发梢量减少，对缓和树势，减少落花，增加产量有利。弱树宜迟剪，以 2 月上旬至 2 月下旬为宜，过迟影响开花。1 月是全年最冷季节，修剪易造成剪口附近枝、芽受冻，因此，12 月下旬至翌年 1 月冷空气来临前后不宜修剪。

冬季修剪以剪直立小枝为主，采取疏删与短截相结合。冬季修剪时花芽已显现能辨，因此要看树势、看花量进行合理修剪。根据杨梅枝梢生长与结果的习性，杨梅以中短果枝的春、夏梢结果为主，秋梢因生长不充实坐果率低，坐果率以水平生长或斜生的结果枝最高，下垂枝次之，直立枝最低，因此，在修剪时，首先要剪去直立枝、强枝，保留中庸、斜生枝条。多花树疏删部分长度在 2 厘米以下密生的弱花枝，疏删或短截 30 厘米以上强花枝，这样可直接减少花量，集中养分，保证保留下来的果枝花芽发育良好，提高花质，又能促发一定量的春梢，保证幼果发育良好提高品质，防止大小年。同时，又可大大减轻明年疏果的工作量，降低生产成本；对少花树，除剪去直立枝外，还要删去过强过多的营养枝，尽量保留有花枝，减少翌年春梢抽发量，提高坐果率。

3. 整形修剪后树体要求

树体矮壮开张，上部不直立，中部不重叠，内膛不光秃，四周不密集，下部不拖地，枝条斜、粗、短、硬；叶片浓绿、亮，树冠凹凸，立体结果。

三、初投产树、旺长树的修剪

东魁杨梅初投产树，生长旺盛，梢果矛盾突出，坐果率低，修剪不当，会进一步加剧落花落果。要想提高初生旺长树的坐果率，秋季修剪时，对树冠外围1年生枝不能修剪过多，对树冠过密的，要修到2年生枝部位，但也不要剪得太多。1个基枝上有3个以上花枝的，先都保留不剪，到翌年3月底至4月初，杨梅将要谢花时，剪去中心直立花枝及其他直立枝，或将中心花枝刚抽发的顶芽抹除或摘心，半个月内不会抽发春梢，等过半个月后，春梢抽发时，果实已经结牢，坐果率就高。据对10年生东魁杨梅树冠外围秋梢花枝的试验调查，在谢花期剪去中心直立花枝的，坐果率4.8%；将顶端叶芽抹除的，坐果率12.3%；将顶端抽生的叶芽摘心的，坐果率16.5%；不做任何处理的，坐果率仅2.0%。

四、高大树冠改良

在我国杨梅产区，分布着许多树冠高大、郁闭、低产的杨梅树，这些树形主要是杨梅种植后修剪不当或因多年放任修剪，任其自然生长造成的。由于顶端优势的作用，杨梅枝梢顶芽（叶芽）及附近几个芽萌发而成为新梢，其余下部的芽多隐潜而不萌发，这些梢每年自顶部继续分枝，枝数不断增加，各枝梢为争夺阳光，拼命向上伸长，使树冠高大，呈圆头形，骨干枝过多，从属关系不明，结果部位外移，造成树冠上部枝梢密集，通风透光不良，内膛枝由于长期得不到阳光照射，瘦弱并枯死，这些树表面上看树冠高大，大多在 4 米以上，有的 7～8 米，甚至更高，但内膛空虚，结果层薄，有效容积少，产量低，品质差，易引起大小年结果，诱发病虫等，同时，给疏果、喷药、采果等树冠管理带来很多不便，尤其是采摘，不仅采果不便，人工大，且因树高采摘者跌倒摔伤时有发生，带来了严重的安全隐患，因此对这样的树应及时进行改造，把高大的自然圆头形改为低冠的自然开心形，则对提高产量增进品质，降低成本，方便管理，安全采摘相当有效。具体操作如下。

（一）高大树冠改造

1. 确定树冠骨架，使其从属分明

（1）先确定主枝。选择位置适宜，生长势强弱、大小一致的 3～5 个大枝作为主枝，主枝与主干的角度在 60°～70° 为宜，上一级主枝比下一级主枝较细而短，以免造成上强下弱，影响结果，其余大枝依其对主枝遮阴严重的程度、结果能力的强弱逐年锯除。

（2）配置副主枝，在主枝的侧方选粗度比主枝略小长势稍弱的大枝作为副主枝，副主枝越在下方的宜愈长，渐向上则宜渐短。

（3）配备侧枝，在主枝、副主枝上配备侧枝，并对侧枝回缩修剪，下部长、向上渐短。

2. 开天窗，降低树冠高度，促进通风透光

降低树冠应分年实施，第一年将保留下来的大枝顶部的直立性枝序锯掉 2～3 个（大落头），没有直立枝序的，可锯去斜生枝序。使阳光透入树冠中下部，解决内膛通风不良、光照不足问题，促进内膛和中下部大枝萌发新梢。第二年，继续删除，将树冠顶上的大枝序去掉，并对树冠外围拥挤过密枝进行疏删或重回缩，促使树冠内膛和中下部的大枝上再萌发新梢。第三年将树冠顶部留下的大枝序锯完，继续对树冠四周过密的枝序重回缩，开天窗，直至将树冠降到3.5米以下，形成凹凸立体结果的树形。

3. 枝组更新

对衰弱枝组和短果枝群重回缩，或剪除一部分，逐渐培养新的枝组。

4. 绿枝群的修剪

可按一般修剪进行。

（二）改造树形应注意

（1）改造前对全树仔细观察，如何改造做到心中有数。修剪时，先剪大枝后剪中枝，再剪小枝，避免重复修剪。

（2）改造树形应顺序渐进，切不可操之过急，否则会修剪过重而使树势衰弱，改造失败。

（3）一时修剪不能过度，一般当年修剪量不超过全树枝叶总量的30%，凡大枝锯去后，其附近小枝暂勿剪截，以免引起日灼。

（4）枝条剪去后，宜尽量促其下部发生新梢，以便补充。

（三）改造后的树冠管理

（1）伤口保护。大枝锯截后，伤口大而表面粗糙，宜用利刀削平，再在伤口处用白漆、白涂剂或接蜡等涂抹，外用塑料薄膜、箬壳等包扎保护，以防止伤口干裂，促进愈合。

（2）裸露大枝保护。开天窗后，部分大枝暴露在外，易被晒伤引起树枝病害，应用布条、报纸（4层）、稻草等进行包扎，或涂白涂剂保护。

（3）新梢护理。大枝上抽发的新梢要及时加强管护，疏去过密过弱枝，其余应尽量保留，等新梢长到15~20厘米时摘心，促使分枝、分枝后长度达到15厘米时再摘心，以增加分枝级数，加快结果枝组的形成，同时，应加强病虫防治，防止新梢遭受为害，树冠改良必须与深翻、断根、增施有机肥料相结合，在新梢抽发生长期进行根外追肥，以促进新梢健壮生长、新根再生和树势恢复。

第九章　花果调控

　　杨梅坐果率较低，一般只有2%~5%。尤其是杨梅初投产期，往往因树体生长过旺，出现少花或无花，有的即使开花多，但开花时正值春梢和根系的生长高峰期，春梢抽发和根系生长大量吸收营养后，使花器开始受精后营养不足而大量落花落果，并且春梢抽发越早、越多，着果率越低，坐果率低的仅为1%~3%，甚至全部脱落。为调节梢果之间的矛盾，促进营养生长向生殖生长转移，促进花芽形成和结果，提高产量，在栽培上对坐果率低的须采取措施进行人为控梢促花保果。而对坐果率太高、结果过多的成年树，特别是衰老树，要采取疏花疏果，以达到结果与营养供给的平衡，提高品质，减少大小年结果。

一、促花保果

（一）多效唑促花保果

　　多效唑是一种生长延缓剂，生长旺盛不易结果的东魁杨梅上合理使用多效唑，能有效地抑制枝梢的生长，促进花芽分化，显著提高坐果率，并且果大，质优，叶厚色浓，有光泽。但是，如果使用不当，如使用浓度过高或使用次数过多，往往产生叶片扭曲畸形，枝梢过分短缩，甚至新梢不会抽发，不但降低产量，而且所结的果实着色不良，果实不圆稳，成熟期易腐烂等，果实品质下降，还有可能造成花芽突变、根系萎缩、树势衰退等问题，如近年来发现的杨梅枝叶凋萎病及东魁杨梅开雄花的现象越来越多，可能与多效唑使用有关。因此，在使用多效唑时应掌握以下关键技术。

1. 使用对象

适用于生长旺盛的初生结果树和少花或少果的青壮树。幼龄树和衰弱树以及结果正常的成年树不能使用，否则会有副作用。此外，生产有机食品、绿色食品的 AA 级也不能使用。

2. 使用方法

（1）喷施。时间：以促花为目的，应在 7 月上中旬夏梢长 3 ~ 5 厘米或 8 ~ 9 月秋梢长 1 厘米时喷施，以喷湿树冠为宜。

喷施浓度：15% 多效唑 250 ~ 300 倍液。

（2）土施。多效唑在土中残留期长，杨梅土施多效唑副作用大，建议尽量不要使用，即使要用，在杨梅的整个生命周期中只能使用 1 次。使用对象：以强树势品种东魁为主。每平方米树冠投影面积施 15% 多效唑 2 克左右，于秋季 10 ~ 11 月，将所需的多效唑加 30 倍细土拌匀，施于树冠滴水线附近，施后覆土。中等树势、弱树势等品种不宜土施。

（3）注意事项。①施药量不能随便增大，如用量过多易造成叶片扭缩畸形，花芽分化过多，新梢不能抽发，翌年结果虽多，但果小，成熟期迟，品质下降。②多效唑应与其他栽培措施相结合，才能发挥更大的作用。③多效唑在使用过程中，使用量过多会对杨梅生长结果带来严重后果，因此，发现使用量过多时，应立即对树冠喷洒 0.3% 尿素水或 40 毫克/升九二〇补救。

（二）拉枝、环割（环剥）

详见修剪章节。

（三）断根

旺长树于夏末秋初，在树冠滴水线附近开浅沟，切断部分细根，可以起到促花作用。开花期适度断根，可起到控梢保果作用。

（四）控肥促花保果

因树势旺长造成少花或坐果率低的，当年可不施或少施氮肥，适当施用钾肥或磷肥，促进花芽分化，提高坐果率。

（五）控梢保果

春梢旺发是造成落花落果严重的主要原因。据笔者2014年4月12日调查，10年生东魁杨梅，结果枝顶端抽生春梢的，只有30%的枝梢能结果，而结果枝顶端不抽生春梢的，80%的枝梢能结果。因此，对坐果率低的旺长树，保花保果要早，要在花期、结果初期对抽发的春梢及时抹除或摘心。控梢的比例占总花枝数的30%左右，否则控梢过重，会影响幼果后期的发育膨大。

（六）营养保果

在杨梅开花前或谢花后喷硼、锌、钼等微量元素进行保果。如开花前可喷硼肥、锌肥或翠康花果灵等，促进花芽膨大和花粉管的伸长；谢花后喷钼肥，促进叶片增厚增绿，或喷绿芬威1号等，提高坐果率。

二、疏花疏果

（一）疏删短截结果枝

结合冬季修剪，于 11 月或翌年 2 月，对花量过多的大年树，疏删细弱、密生、直立性结果枝，直接减少花量。

（二）化学疏花

目前，应用于杨梅疏花的药剂主要有"疏 5"、"疏 6"、余姚产的杨梅疏花剂。

"疏 5"实际上就是石硫合剂，适合于东魁杨梅疏花，使用浓度：以波美 30 度的原液加水 50 倍，使稀释的浓度约为波美 0.5～0.6 度。"疏 6"使用浓度为 1 包（10 克）加水 15 千克。余姚产杨梅疏花剂适用于荸荠种杨梅疏花，使用浓度为 1 包加水 15 千克。

使用的时期和方法：在盛花末期，即 75%～90% 的花都已谢花时喷射，粉剂疏花剂配药时，先用少量的温水搅拌溶解，再加足水量搅匀，喷药时喷头要小，雾滴要细，以喷湿树冠但叶片不滴水或部分漏喷为度，不能重复喷射，避免喷药量过多，上部药液滴到下部盛开的花上，使下部的花积集过多的药量而大量落果。

化学疏花应特别注意：杨梅疏花剂虽然对疏花有效，但效果不稳定，按照同一浓度，因使用时期或喷水量的不同，疏花效果截然不同，往往因使用不当造成异常落果，导致严重减产，因此，如采用化学疏果，应在使用前先进行少量试验，取得经验后再应用，以减少不必要的损失。

（三）人工疏果

杨梅人工疏果是克服杨梅结果大小年最有效和最简单的手段之一。杨梅疏果一般分 2 ~ 3 次进行，不能一次性疏果过多，否则会加重肉葱病和裂果病的发生。以东魁杨梅为例，第 1 次在盛花后 20 天（约 4 月底至 5 月上旬），疏去密生果、小果、劣果和病虫果，每条结果枝留 4 ~ 6 个果；第 2 次在谢花后 30 ~ 35 天，果实横径约 1 厘米时，再次疏去小果和劣果，每条结果枝留 2 ~ 4 个果；第 3 次在 6 月上旬果实迅速膨大前定果，平均每结果枝留 1 ~ 2 个果，长果枝（15 厘米以上）留 2 ~ 3 果，中果枝（5 ~ 15 厘米）留 1 ~ 2 果，短果枝（5 厘米以下）留 1 果，细弱枝不留果。也可采用隔枝留果的疏果方法进行疏果，即在果实迅速膨大前的 5 月中下旬进行疏果，按 6 支果枝，去掉其中 3 支果枝上的全部果实，留下的结果枝一般每枝留 2 ~ 3 果，小果形的荸荠种每条留 4 ~ 6 果。做到大年多疏，小年少疏，大年树春梢少，树冠上部应多疏，以疏促梢，小年树春梢多而旺，树冠上部多留果，以果压梢。

第十章 设施栽培

一、大棚设施栽培

在浙江台州杨梅栽培均采用露地栽培，90%以上杨梅集中在6月15～30日采摘上市，存在着上市时间过于集中，半数以上年份采收期与梅雨季相遇，果实烂果多，落果重，商品果率低等问题，造成增产不增收。为错开杨梅集中上市期，减少因梅雨等灾害性天气造成的烂果损失。近年来，各地在东魁、荸荠种、丁岙梅等品种上开展大棚设施栽培试验研究，取得了一定成果。2013年笔者在总结他人研究的基础上，选择了有地方特色的具有早熟、果实大、品质优、丰产稳产、耐贮运等优点的临海早大梅，开展设施大棚铺设反光膜栽培杨梅试验研究，以11年生大树移植第3年的早大梅为试验材料，2013年1月11日对其进行大棚覆盖，并于2月13日大棚内铺设银色反光膜，以不盖为对照，结果表明，大棚杨梅园铺设反光膜可显著增加棚内的温度和相对湿度，使杨梅的物候期显著提早，开花期提早16天，果实成熟期提早21天，果实单果质量增加10%，可溶性固形物含量增加2.1个百分点，且棚内杨梅着色好，有光泽，果汁多，杨梅味更浓，增产增效明显。大棚杨梅栽培的技术要点如下。

（一）园地与品种的选择

搭建大棚要因地制宜，一般应选坡地较平缓的园地搭建大棚，不宜在地势陡峭、坡度大的地块搭建大棚。品种以选择易结果、品质优良的早熟品种如荸荠种、早大梅、早荠蜜梅等为宜，能最大限度地发挥大棚杨梅提早成熟的优势，做到人无我有，容易获得好的效益。

（二）整形修剪与树体的改造

为了便于杨梅大棚的搭建和管理，大棚杨梅以实施矮化开心整形修剪为宜，构建合理的矮化树体。对原有高大的杨梅树宜进行大枝修剪，拉开大枝与中心枝的角度，以矮化树体。一般经 2 年改造后树冠开张，高度控制在 2.5 米左右，最高不超过 3 米，即可进行搭建大棚。树高超过 5 米的，搭建大棚成本高，而且牢固度方面的风险也较大，不适宜搞大棚。对以小苗培植的新杨梅园，应适当密植，栽种时主干留 20～25 厘米进行定干，以培养低干矮化的自然开心形树冠，树高控制在 2.5 米左右，待树冠直径达 1 米以上，杨梅开始挂果时再搭建大棚。

（三）大棚的搭建

大棚架式可采用镀锌钢管结构、竹木结构或者水泥柱 + 钢管、水泥柱 + 毛竹等，大棚长度、宽度、高度可根据地块、树高而定，一般大棚跨度 8 米，顶高 1.93～2 米，跨度 7 米，顶高 1.72～1.75 米，跨度 6 米，顶高 1.54～1.55 米。搭棚时要特别注意棚顶与杨梅树冠顶部间距要大于 1.5 米。搭建时镀锌管宜采用热度管，水槽、卡槽用不锈铁可延长使用寿命。安装摇膜杆装置，方便平时大棚顶膜揭盖管理，在大棚膜不用时，可用摇膜杆将大棚膜放在棚顶，不用卸膜，既可节省人工，又可延长大棚膜的使用寿命。

（四）选膜、盖膜时间

大棚膜以选择长寿、高透光、高保温、无雾滴、无尘、无毒的聚乙烯膜（PE）和乙烯醋酸乙烯膜（EVA）等多功能膜为宜，厚度一般 0.06~0.07 毫米。大棚盖膜时间以 12 月中下旬至翌年 1 月上旬为宜。2 月中旬杨梅开花前在大棚内铺设银色反光膜，可弥补树冠下部光照的不足，增加散射光，从而提高果实品质。盖膜前先将整个大棚用 40 目防虫网罩住，既可防止果蝇、蛾类、金龟子等杨梅虫害，又能较好地保护大棚膜，延长棚膜的使用寿命。盖膜后要注意防雪灾压棚、倒棚，同时，也要注意可能发生的强对流气流对大棚的破坏。

（五）棚内授粉

杨梅为雌雄异株，大棚内与外面隔绝，为解决授粉问题，有 3 种方法：一是新建杨梅园每个大棚内配栽雄株；二是大树搞棚可在雌株上适当地高接雄株的枝条，作为授粉之用；三是在棚外选一雄株，搭建小棚覆盖农膜（注意根部也要盖上），使雌雄花期相遇，以便于人工授粉。单株搭棚也要注意棚顶与树冠顶部间距离要在 1.5 米以上，温度高时要卷膜通风，降低温度，否则枝叶易灼伤。在杨梅花期，可采取剪雄花枝在棚内拍打散落花粉或将雄花序采下放在网丝袋内，将袋系在竹竿上并在树冠上部进行抖落授粉，或将雄花枝插在盛水的可乐瓶等容器中，悬挂大棚内，进行授粉。此外，还可在雌花盛花期树冠喷雄花粉，浓度为 14 千克水加雄花粉 0.5~1 克，这种方法特别对雄花花期早，与雌花花期不能相遇时更受用。雄花粉的采集方法：在雄花即将开花前，采下雄花花序，摊在牛皮纸上，将温度控制在 30℃以下，待花粉散开后，将花粉收集放到瓶里保存备用。

（六）大棚内温度调控

以棚内温度计为依据，1~2月气温偏低，全棚密封棚膜为主，尽量少掀膜，提高棚内温度；3~4月上旬当棚内温度升至32℃以上，打开门、裙膜进行通风降温，下午15时后再封闭棚膜；4月中旬至4月底，视棚内温度情况，卷起基部1.5米左右高的裙膜，保留顶膜，使温度控制在35℃以下，当温度过高时，可揭开部分顶膜，温度降低后再将顶膜盖回；5月初当夜间最低气温稳定超过10℃以上后揭开1/6顶膜；杨梅成熟期下雨天将顶膜盖回。

（七）大棚内湿度及水分调控

盖棚以前，将水分灌足。盖棚初期，空气相对湿度稍高，土壤水分偏多，棚内若湿度过高，要及时通风降湿，尤其是授粉期间棚内湿度不宜过大，但果实膨大期棚内湿度大有利于果实发育肥大。

（八）果实管理

大棚栽培为杨梅开花结果创造了良好的条件，花期雨水不直接进入棚内，棚内的温度、湿度更有利于促进坐果，坐果率比较高，因此对挂果过多的杨梅树，要及时进行疏果，使其合理挂果，否则杨梅成熟推迟，采收期间落果多，品质下降，不仅影响当年收益，而且树势容易衰弱。成熟果实要适时分批采收。

（九）肥料管理

以"重钾适氮控磷增施有机肥、追施微肥"为原则，要求有机肥（包括草木灰）占30%以上，N：P：K的比例为1：（0.1~0.2）：2.5，每年施1~2次肥，即6~7月采果后的采果肥或 10 月的基肥，目的是促进树势恢复和花芽分化。另外，大棚内应视树体、挂果等具体情况，选择富万钾 1 000 倍液、绿芬威 1 号 1 000 倍液、有机钙 2 000 倍液、翠康钙宝 1 000 ~ 1 500 倍液、0.2% 磷酸二氢钾、0.1% 硼肥等营养液进行根外追肥。

（十）病虫害防治

病虫害防治同常规管理。但应注意二点：一是大棚内杨梅由于通风透光受到一定影响，有利于蚧壳虫、黑胶粉虱等虫害发生，应在采果后加强防治。二是冬季清园不宜用石硫合剂。因为石硫合剂对温度敏感，扣棚前用石硫合剂清园，扣棚后，棚内温度升高，容易出现叶片灼伤药害现象，引起落叶，影响树势及结果。

（十一）除膜

杨梅采收结束将大棚膜全部卸下收藏，或用摇膜杆将大棚膜放在棚顶，以便明年再用。

（十二）采果除膜后的管理

一是施好采果后恢复肥与基肥；二是做好整枝修剪，采取疏删、短截、回缩、摘心、去萌等措施，以控制树体，培养合理的树冠与结果枝群。

二、杨梅网室栽培

为害杨梅果实的果蝇问题日益突出，果蝇为害过的果实容易落果、保质期短，引起大量经济损失，果蝇为害主要发生在杨梅成熟期，黑腹果蝇具有生活史短，繁殖力强、田间世代重叠的特点，不仅防治效果差，而且药剂防治会给果品带来严重的安全隐患。所以安全有效的果蝇防治技术成为生产上的迫切需求。近年来，网罩技术作为防治杨梅果蝇的新技术在黄岩、临海等地逐步推广应用。为了明确防虫帐对杨梅果蝇发生以及产量品质、贮藏性、安全性和经济效益的影响，从2012—2013年连续2年，笔者对浙江临海东魁杨梅进行防虫帐单株挂帐试验。结果表明，东魁杨梅挂防虫帐对防治果蝇效果显著，网内杨梅采收前期、中期有虫果率在5%以下，后期30%，而网外杨梅采收前期有虫果率达62%，中后期达到100%，网内果蝇有虫果率比对照降低了57.14～95.24个百分点。开始采收时，网内果实单果最多果蝇数1头，单果平均虫数0.05头，分别比对照低10头和1.85头；采收中期，网内果实单果最多果蝇数1头，单果平均虫数0.05头，比对照分别低74头和42.45头；采收后期，网内果实单果最多果蝇数5头，单果平均虫数1头，比对照分别低101头和63.55头。对嘴壶夜蛾、金龟子等为害杨梅果实的成虫防效达100%；挂防虫帐杨梅单果重与对照相比平均增加2.18克，果实硬度提高了0.14千克/立方厘米，果实成熟期也分别比对照推迟3～4天以上，贮藏期延长，色泽更亮丽，而且40天内不使用农药，果品相对安全，效益显著提高，特别是成熟采收期，碰到连续下雨天气，利用现成的防虫网架，外面覆盖一层薄膜，天晴揭开，还可起到避雨作用，效果更显著。防虫帐作为一种新型的绿色防控措施，具有果品安全、防虫效果好、显著延长贮存期、提高杨梅果实品质和经济效益等优势，具备在生产上规模化应用的良好前景。杨梅网室栽培的主要技术如下。

（一）杨梅树选择

网室栽培的杨梅树，树高以3米以下为宜，树体过高搭架、挂帐不便，同时，增加生产成本，所以对高大的杨梅树可先进行大枝修剪，降低树冠应根据高大树冠改造的要求，分2～3年实施，将树高控制在 3 米以下，最高不超过 3.5 米。园地以选择地势较平坦或缓坡为宜。

（二）搭支架、制作防虫帐

支架材料应根据各地情况因地制宜，就地取材。可选择镀锌管、毛竹片等。5 月前，单株搭好支架，支架顶部比树冠高 50 厘米以上，四周要有适当的空间，以利通风透光。防虫帐选择 40 目的尼龙网制作，根据树冠大小设计 5 米 ×5 米 ×4 米（指帐顶长、宽各 5 米，帐高 4 米，下同）、5 米 ×5 米 ×5 米、6 米 ×6 米 ×4.5 米、6 米 ×6 米 ×5 米等不同规格，一面用长拉链连接，以便管理时方便进出，防虫帐应在 5 月前做好备用。

（三）挂帐

根据当地杨梅物候期和果蝇生活史，于 5 月中旬（即采前约 40 天）挂防虫帐，如果支架顶为圆形的，挂帐时用竹棒将帐顶的四角撑起，增加帐内的空间。地面四周用泥土或石块压严，防止果蝇、金龟子、蛾类等害虫进入。

（四）挂帐后的管理

主要对挂果多的树做好疏果工作，使其合理挂果，提早成熟，提高品质，成熟果实要分批采摘。要经常检查防虫帐是否完好，如发现被风吹起或其他原因防虫帐盖得不严实的，要及时把四周压实。平时管理从拉链门进出，要及时拉好拉链，防止害虫进入。像 2014 年杨梅采收期遇到连续下雨天气，可在防虫网外面覆盖一层薄膜，天晴揭开，可起到避雨作用。杨梅采收结束后将帐收起翌年再用。

三、药肥水一体化设施栽培

杨梅园绝大多数建在山上，水、电、路等基础设施落后，通常情况下水源普遍不足，就连日常喷药、施肥取水都比较困难，更谈不上抗旱保收，给杨梅的生产管理带来极大的不便，生产效率低下，生产成本较高。近年来，随着园区、水利项目的实施，有条件的杨梅园开始了药肥水一体化设施建设，极大改善了果园的生产条件，提高了劳动生产效率。

（一）肥水同灌设施栽培

1. 肥水同灌设施栽培的优点

肥水同灌就是通过管道供给肥水，具有节水、节能、省工等多种功效，也称为"滴灌"。据资料介绍，滴灌较地面沟灌节水30%~40%，从而节省了抽水的油、电等能源消耗。滴灌是一种半自动化的机械灌溉方式，安装好滴灌设备，使用时只要打开阀门，调至适当的压力，即可自行灌溉，省力、省工、省本。滴灌结合追肥施药，提高了劳动生产效率。在滴灌系统上附设施肥装置，将肥料随着灌溉水一起送到根区附近，不仅节约肥料，而且提高了肥效，节省了施肥用工。一些用于土壤消毒和从根部施入的农药，也可以通过滴灌施入土壤，提高了用药效果，从而也节约了劳力开支。

2. 肥水同灌设施系统的安装

肥水同灌系统主要由水源及供水装置、首部枢纽、输水管道、滴灌管4个部分组成。

（1）水源及供水装置。水源在药肥水一体化设施系统中非常重要，事先要规划好，否则没有充足的水源，药肥水一体化设施形同摆设，起不到应有的作用。

　　水源一般从周边高山坑塘、水库等用水管引入，或在周边江河、湖泊、井泉水等用水泵泵入。也有为了保证水源供应，同时装有引水和泵水装置，在高山水源缺乏的情况下，可从山下水源将水泵入水塔或贮水罐进行滴灌抗旱。从高山引水的，一般将水塔或贮水罐建在果园的最高处，通过水管将水源直接引入。

　　（2）首部枢纽。通常设在滴灌系统供水水源处，由水泵、控制阀、压力表、过滤器（作用是除去水源中的杂质，防止滴头堵塞）、肥料桶（安装在过滤器之前）等组成，是整个滴灌系统操作控制的中心，与水源工程相结合，其作用是对滴灌系统提供恒定、洁净满足滴灌要求的水，是系统的动力和流量源。

　　（3）输水管道。为滴灌系统的输水部分，由主管、支管等组成。主管一般用聚氯乙烯管或三丙聚乙烯管，支管采用聚氯乙烯管或黑聚乙烯管等材料，管道大小规格根据灌溉面积、地形地貌等实际情况而定。为节约土地，防止老化，延长使用寿命，主管多埋在地下。支管多铺设在地面。在支管与主管连接处装一阀门，用于控制灌水。

　　（4）滴灌管。滴灌系统的出水部分，滴灌管上安装滴头。滴灌管滴头间距取决于滴头流量、杨梅树的种植密度及土壤透水性等多种因素，一般1株设有1~2个滴头。滴灌管铺设在畦面植株根部，与畦长相同；为节省成本，也可铺在畦面2行株中间。铺设时，滴灌管要铺平、拉直。根据滴头安装在滴灌管上的方式不同可分为软管滴灌管、内镶式滴管、外镶式管等多种。山地滴灌为避免不同的高程压力不均，造成滴水不匀的问题，可进行分层滴灌，即在灌溉海拔较高的区块时，将海拔较低的区块阀门关掉。栽植行过长的杨梅园分成东西或南北两组，安装2个阀门，分别将水输向两边，实行分组灌溉。

（二）药肥水一体化设施栽培

1. 药肥水一体化设施栽培优点

药肥水一体化就是通过管道进行树冠喷药、喷肥、喷水的半自动化机械喷药设施。具有投入成本低、工作效率高、劳动强度低、使用灵活等优点，非常适合山区果园的使用。主管用高压喷雾管埋于地面下，支管用可移动的高压喷雾管，每根长 30～150 米，并装有单杆喷头，平时不用时收起，使用时接入主管直接喷射，多人同时可以喷药，喷药效率极大提高。据调查，按照传统的背包式喷雾器喷药，一亩（20 株）盛产期的杨梅园喷药量约 150 千克，每人 1 天（按 8 小时计算，下同）喷药量约 200 千克，喷药工资 200 元/天，则人工成本 150 元/亩；采用药肥水一体化设施进行喷药，用药量比背包式喷雾器要多，1 亩（20 株）盛产期的杨梅园喷药量约 210 千克，每人 1 天喷药量约 1 400 千克，喷药工资 200 元/天，则人工成本 30 元/亩，打药人工成本是背包式喷雾器的 1/5，每亩可节省人工 120 元。并且在病虫发生期及时喷药，可抓住病虫害防治的有利时机，提高防治效果。在农村劳动力越来越紧张的形势下，该设施非常经济实用。

2. 药肥水一体化设施系统的安装

（1）水源及供水装置。与肥水同灌一样。也有直接将水源引到配药池，在配药池上方装有龙头开关，使用时直接放水。

（2）配药池。在水塔或贮水罐下面建两个配药池或配药桶，配药池（桶）一高一低，高的一个底部要比低的一个上口略高，高的一个池底埋一根管子，通到低一个药池，出口比池口略低，在连接两药池的管子上安装一阀门，以便放药时进行操作。高的 1 个可小些，将所需的药液、叶面肥等用少量的水配制成母药液，然后将配好的母药液放到大药池（桶）内，加足所需的水量，并边加水边搅拌，这样配制的药液更加均匀。因为对于理化性状差的制剂，特别是可湿性粉剂、悬浮剂剂型，如果将药液一次性倒入大量水中，或者大量水一次性倒在药剂上，再怎么搅拌也难调制均匀。同时两个配药池（桶）还可以提高工作效率，当药池（桶）的水快喷完时，可在空着的药池（桶）中先放水配药，节省配药时间。配药池（桶）的大小可根据果园面积多少而定，一般小药池0.3~1立方米，大药池1~3立方米。药池（桶）在使用前可在池（桶）内侧根据所盛水的重量（如每25千克水或50千克水）用红漆标出不同水平的刻度标记，以便于配药时根据需要的药液量进行配药，做到用量准确，提高工作效率。为了配药方便，也有将配药池（桶）建于室内，药桶放置与室外一样，一高一低，配药时打开开关，将水放到配药池（桶）内，或用水泵不断的把水注入配药池（桶）内。

（3）输水管道与移动的喷药管。固定的输水管道就是把高山的水引向水塔（贮水桶）、把水塔（贮水桶）的水引向药池、把药池的水引向杨梅园的通道。从高山引水的管道一般采用规格为6分或1寸的PPR管或PE管，从配药池引向杨梅园的输水管一般选用高压喷雾管（规格为Φ8.5毫米，三胶两线，爆破压力180千克力/平方厘米），而不宜用PPR管或PE管，以免喷药时压力不稳引起管道爆炸。主管要埋入土中，在主管的适当位置安装二通、三通、四通或旁通接口，以便喷药、喷肥时，连接动力喷雾机或移动喷药管使用。喷药用的移动软管一般选用高压喷雾管（规格为Φ8.0毫米，单层线，爆破压力140千克力/平方厘米），长度可根据果园面积及接头位置，选择30米、50米、60米、100米等，一端接上气泵接头，以便使用时与主管接头相接，另一端接有1~3个喷头的单杆喷枪。喷药时，根据喷药人数需要，将移动的喷药软管接到主管的接口上即可喷药。

（4）汽油机和动力喷雾机。以汽油机为动力，喷雾机装有空气室、压力表等部件，以调控喷雾压力。汽油机一般选用功率为 2.5 ~ 4.5 千瓦，使用时，将喷雾机与马达都固定在架上，调节两条皮带成一条直线，松紧要适中。将每个管子的接头接好锁紧以防止泄漏，并将进水管放入药池内，出水管与输水主管连接好。启动马达前关掉出水开关，松开调压螺丝，将调压把手拉到顶端。启动马达带动喷雾机，调节油门开关使汽油机保持适当转速，并将调压把手压到底端。调节调压轮将压力保持在 15 ~ 35 千克/平方厘米，打开出水开关即可开始喷雾。在结束喷雾前，将调压把手拉到顶端，换用清水操作，将残余农药排出。

3. 喷雾过程中的注意事项

在农药喷雾过程中，适宜采用降低容量喷雾方法，喷雾作业时的行走方向应与风向垂直，最小夹角不小于 45°。喷雾作业时要保持人体处于上风方向喷药，实行顺风喷雾，严禁逆风喷洒农药，以免药雾吹到操作者身上。

为保证喷雾质量和药效，在风速过大（大于 5 米/秒）和风向常变不稳时不宜喷雾。特别是在除草剂喷雾时，当风速过大时容易引起雾滴飘移，造成邻近敏感作物药害。

4. 移动高压喷雾管保管

（1）软管保管时，尽量避免阳光的直接照射，放在低温和湿气比较大的地方保管。

（2）不要把软管悬挂在柱子或者墙上，否则容易引起软管断裂，被折叠，从而造成堵塞。

（3）使用完毕，一定要用清水清除软管里面残留的农药，否则影响软管使用寿命。

第十一章　杨梅的绿色防控技术

一、绿色防控原则及主要内容

（一）绿色防控原则

"以防为主，综合防治"是杨梅绿色防控工作的总方针，它是以农业和物理防治为基础，生物防治为核心，按照病虫害发生的规律和经济阈值，科学使用化学防治技术，使防治协调一致、相互补充和促进，以达到控制生物的种群数量，使之降低或维持在不致引起经济损害的水平。同时，使环境不受污染、减少农药对果实的污染和残留，又达到有效控制病虫为害，确保杨梅安全、优质、丰产。

（二）杨梅绿色防控技术主要内容

1. 检疫

检疫是防止危险性病虫害传播蔓延的主要手段。就是通过相关法规的执行和行政命令手段，禁止苗木、接穗、种子以及其他附属材料如土壤、培养基料、盛具等带有危险性的病原物、害虫、杂草种子或其他有害的栽植材料的传入或传出，一经发现必须立即销毁。我国目前杨梅检疫对象有癌肿病，在引进、售出的种苗、接穗等，要实行严格的检疫制度。

2. 农业防治

指应用农业技术进行防治，是综合防治的基础。它是结合杨梅栽培管理进行，只要能根据具体条件，因地制宜，灵活运用，常起到事半功倍的作用，而且比较经济，具有预防意义。

（1）选择优势抗病品种，培育和种植健壮无病苗木，防止苗木和繁殖材料携带危险性或地区性的病虫害传播。

（2）改善果园生态环境。种植防护林，实行品种区域化，恶化病虫的营养条件。实行生草栽培，调节杨梅园土壤与小气候条件，以利天敌的生息和繁殖，通过生态控制，创造有利于杨梅生长，而不利于病虫害发生和繁衍的生态环境条件。

（3）讲究栽培技术。实行合理的翻土、施肥、修剪、清洁果园、排水、控梢等农业措施，减少病虫源，增强树势，提高树体自身的抗病虫能力。提高果实质量，减少果实伤口，降低果实腐烂率。

3. 生物防治

是指利用有益的昆虫、微生物、病毒、鸟禽等达到以虫治虫、以鸟治虫、以禽治虫、以螨治螨、以微生物防治病虫或应用生物源、植物源、矿物源农药防治病虫的目的。各地可因地制宜，采取适合当地的措施认识天敌，保护天敌，创造条件饲养和释放天敌进行病虫害防治。

4. 物理机械防治

指应用简单的工具、热力以至近代物理学在光、电、辐射方面的技术成就来防治病虫害。杨梅上采取的主要措施如下。

（1）灯光诱杀。利用害虫趋光性，用太阳能杀虫灯或振频式杀虫灯、黄色或黑色荧光灯等诱杀或驱避吸果夜蛾、金龟子、卷叶蛾等。

（2）毒饵诱杀。利用果蝇对糖、酒、醋液有趋味性的特性，在糖、酒、醋液中加入农药放在果园诱杀。

（3）黄板诱杀。利用果蝇、蛾类等对色彩有趋性的特性，杨梅成熟期果园挂黄色粘虫板捕杀。

（4）热处理苗木、种子防治杨梅病害。

（5）人工捕捉天牛、蚱蝉、金龟子等。

（6）成熟前挂防虫帐，防治果蝇、金龟子、夜蛾等。

5. 化学防治

应用各种化学药物来防治病虫害，具有见效快、成本低、使用方便等优点，但也存在对人畜不安全、对害虫天敌杀伤力大的缺点。在使用时应搞好预测预报的基础上，抓住病虫薄弱环节，按照农药使用准则，选用农药的种类、浓度，及时、迅速有效地消灭病虫害。此外，因多数害虫容易产生抗药性，应经常轮换使用农药。

（三）绿色防控对化学防治的要求

1. 选择农药

农药一定要选择国家规定允许使用的低毒、低残留农药及生物源农药（植物源农药、活体微生物农药、农用抗生素类）、矿物源农药（机油乳剂、铜制剂、硫制剂），凡是国家规定禁止使用的农药不得使用。

2. 要注意农药的使用方法，提高防治效果

农药防治效果的好坏，关键要做到"对症下药"。因此，要达到安全科学使用农药，提高防治效果，首先要选择合适的农药，然后根据病虫发生时期及气象条件，选择合适的用药时间，喷药时选择正确的用药方法。

（1）对症选购农药。首先要弄清田间病虫草害发生的种类，这是对症下药的前提。

（2）农药标签。选购农药时，看农药标签是否规范、三证是否齐全、农药产品质量保证期是否在规定期限内等。

（3）掌握好喷药时间。对主要虫害的防治，要在适宜时期施药。病害防治要在病菌侵染期进行预防，或在发病初期进行，并注意喷药时的天气。

（4）掌握好农药配制方法。药剂的量取要准确，对水的操作要规范，混用药液的配制要科学。如有两种农药用水稀释混用时，先用一种制剂对到足量水配成单剂药液，再将另一种制剂对到该药液中配成混合药液，其先后次序是粉剂、可湿（溶）性粉剂、悬浮剂、乳油、液剂、水剂等。应避免两种制剂的"浓药液"相混，更要避免两制剂直接相混。

（5）提高喷雾质量。如黑胶粉虱、蚧壳虫等害虫主要在叶背为害，喷药时应正反面都要喷湿。

（6）注意不同作用机理的农药交替使用，避免多种农药混合使用，以免产生抗药性，提高防治效果。

（7）防治时要严格控制安全间隔期、施药量和施药次数，确保果品安全。

3. 农药不同剂型的特点及稀释方法

（1）乳油。乳油的乳化受水质（硬度）、水温影响较大，使用时最好先少量试配，乳化合格后再按要求大量配制。如果出现了浮油或沉淀，导致药效无法发挥，甚至出现药害。配制药液需搅拌，药配好要尽快用完。

（2）可湿性粉剂。药粒沉降较快，施用中更应注意加强搅动，否则会造成喷施的药液前后浓度不一致，影响药效。可湿性粉剂一般不与其他剂型混合使用，与乳油混合常常引起聚结和沉淀。有时配好后可加少量的乳油。可湿性粉剂需要用总用水量的5%提前混合成糊状物，然后糊状物再与剩余的水混合时还应该搅拌。

（3）悬浮剂。使用方便且不污染环境，是比较理想的稀释后使用的农药剂型。

（4）水剂。在水中溶解性好，化学性质稳定，可供多种喷雾法使用。但易造成药液流失，影响防效并污染环境。使用时应根据实际情况添加润湿助剂。

（5）水乳剂。是均相稳定的乳状液，没有分层与析水现象。如果有分层与析水，经摇动后可恢复成均相，也可以使用。对水稀释时与乳油一样。

（6）微乳剂。药液渗透性能好。加水稀释施用时与水剂类似。

（7）水分散粒剂。在水中可以较快崩解、分散成细小颗粒，稍加摇动或搅拌即可形成高悬浮的农药分散体系，供喷雾施用。

4. 避免药害发生的方法

（1）看清说明书。喷药前应先看清说明书，了解该种农药的性质和防治病虫对象。目前，市售的农药多为混合配剂。即有机磷类农药与拟除虫菊酯类农药混配、或生物制剂类农药配制，有的则是同一种农药品种因生产厂家不同而有不同的商品名称等。

（2）避免多种农药混配。一种病害或虫害尽量使用一种农药防治，有2种以上病虫害同时发生时，可选择有兼治作用的农药，做到一药多治。

（3）不要随意提高喷施浓度，避免在高温烈日中午喷药。

（4）喷布含油类（柴油、机油）的农药，或碱性强的农药（波尔多液、石硫合剂、松脂合剂等），应十分注意天气气温、季节和杨梅的物候期。如花期喷布石硫合剂、波尔多液、松香碱等会导致落花落果。阴雨天、雾天、早晨露水未干时均不能使用波尔多液。

（5）农药稀释。一些难溶于水的农药应先加入少量水配成母液，然后再稀释喷布。

（6）配药时要用清洁水，不能用污水或井水稀释农药。

（7）一些农药混合后应及时喷完，不要留到第二天使用，不能混合的农药，不应强行相加。

（8）喷除草剂时必须选用对杨梅树根系无伤害的品种，喷布时还应避免药液飞溅到树枝叶上。

二、杨梅主要病害及防治

（一）褐斑病

杨梅褐斑病是杨梅叶片上的一种主要病害，在浙江省各地均有发生。

（1）症状。褐斑病主要为害叶片，发病初期在叶面上出现针头大小的紫红色小点，以后逐渐扩大呈圆形或不规则形，病斑中央红褐色，边缘褐色或灰褐色，直径4~8毫米。后期病斑中央变成浅红褐色或灰白色，其上密生灰黑色的细小粒点，即病菌的子囊果或分生孢子。有些病斑进而相互联结成大斑块，最后干枯脱落。发病严重的树，在10月就开始落叶，到第二年落叶率可达70%~80%，严重影响树势、产量和品质。

（2）病原。杨梅褐斑病是一种真菌性病害，属半知菌亚门，子囊菌纲的一个种。

（3）发生规律。病菌以子囊果在落叶或挂在树上的病叶中越冬，翌年4月底到5月初，子囊果内逐渐形成子囊和子囊孢子，5月中旬以后子囊孢子开始成熟，此时如遇雨水，成熟的孢子从子囊果内溢出借风雨传播和蔓延，直至7~8月高温干旱时才停止。病菌侵入叶片组织以后潜伏期较长，3~4个月出现症状。8月中下旬出现新病斑，9~10月开始病情加剧，10~11月开始大量落叶。该病一年发生1次，无再次侵染。

（4）影响发病的主要因素。①与5~6月雨水多少有密切关系。雨水少，发病较轻，反之则重。②在土壤瘠薄、很少翻耕和有机质肥料缺乏的情况下，树势生长衰弱，容易发病。③在排水良好的沙砾土或阳光充足的果园发病较轻，在排水不好的黏重土壤或阳光不足、通透条件差的果园发病重。山脚处杨梅的发病比山腰或山顶重。

（5）防治措施。①加强栽培管理，增强树体的抵抗力。②冬春季剪除枯枝、病枝，及时清扫果园内的落叶和枯枝，集中烧毁或深埋，树冠、地面喷 3～5 度石硫合剂清园，减少越冬病原。③喷药保护：未结果树，在 5 月中旬、5 月下旬及采后即 6 月底到 7 月初病害发生期各喷 1 次，连喷 3 次效果最佳，其中，5 月下旬和采后两次最为重要。结果树在 5 月中旬、采后各喷 1 次，减少农药对果实的污染。药剂可选用 50% 苯甲·丙环唑悬浮剂 3 000 倍液或 70% 甲基托布津可湿性粉剂 800 倍液或 80% 大生 600～800 倍液或 75% 百菌清可湿性粉剂 600～800 倍液（各种药剂交替使用）。

（二）癌肿病

杨梅癌肿病俗称"杨梅疮"，是检疫性病害之一，在浙江各地均有发生。

（1）症状。该病菌主要为害杨梅枝干，以多年生的主、侧枝和 2～3 年生的枝干上发病较多，也有发生在当年生的新梢上。发病初期病部产生乳白色的小突起，表面光滑，后逐渐增大形成表面粗糙或凹凸不平的肿瘤，质地坚硬，木栓化，呈褐色至黑褐色。小枝发病后，肿瘤近球形，小者如豌豆，中等大者如核桃，最大直径达 10 厘米左右，一个枝上的肿瘤少者 1～2 个，多的达到 4～5 个，甚至更多，一般在枝条节部发生较多，肿瘤以上的枝条即枯死。主干、大枝上发病时，树皮粗糙开裂，病部凹陷，病斑用刀挖开有黑色黏状物，发病后常使树势早衰，严重时也可以引起全株死亡。

（2）病原。是一种细菌性病害。

（3）发生规律。病原菌在树上和果园地面的病瘤内过冬，到了翌年春季，细菌从病瘤内溢出，主要通过雨水的溅散和自上往下的流动把病菌传播开来。此外，病菌还通过空气、接穗、昆虫（主要是枯叶蛾）传播。凡是病重的地区，枯叶蛾虫口密度均较高。

病菌主要从伤口、叶痕侵入，在 20～25℃ 的条件下，经过 30～35 天的潜伏期就开始出现症状。新病瘤从 5 月下旬开始出现，6 月 20 日以后逐渐增多。

病害发生常与环境条件有关。病瘤在 4 月中旬，气温 15℃ 左右时开始膨大，6 月气温在 25℃，梅雨连绵的情况下膨大最快，7～8 月高温干旱时病瘤生长又趋缓慢。幼树很少发生，随着树龄增大，伤口增多，病瘤也逐渐增加。不同杨梅品种发病也有差异，一般以东魁、小炭梅等发病较重，大炭梅、荸荠种等发病较轻。

（4）防治措施。①在新梢抽生前剪除并烧毁发病枝条。②加强杨梅的培育管理，增施有机肥料，特别是钾肥，增强树体的抗病能力；在采收季节，宜赤脚或穿软鞋上树采收，避免穿硬底鞋上树而损伤树皮，增加伤口引起病菌感染。③禁止在病树上剪取接穗和禁止出售带病苗木，在无病的新区，如发现个别病树，应及时砍除烧毁。④药剂防治：冬季用 3～5 度石硫合剂清园，树冠、枝干都要喷到。春季 3～4 月，在病菌传播前，用利刀刮除病斑，涂 80% 402 抗菌剂 50 倍液或硫酸铜液 100 倍液，隔 2 周再涂 1 次，促进愈伤组织形成，刮下的病斑组织要带出园外烧毁。

（三）赤衣病

是近年新发现的为害杨梅枝干的病害。该病在台州各杨梅产区均有发生，有些地方发病株率达 30% 左右，并呈上升趋势，特别是在一些树冠郁闭、光照不足、管理粗放的杨梅园，发病更为严重。

（1）症状。该病主要危害杨梅枝干。发病后，明显的特征是主干、主枝、侧枝及小枝的被害处覆盖一层橘红色霉层，以后逐渐蔓延扩大，龟裂成小块，树皮剥落，露出木质部，其上部叶片发黄并枯萎，导致树势衰退，果型变小，品味变酸，最后枝条枯死，直至全株枯死。在 6 月最易发现，本病除危害杨梅以外，还危害苹果、柑橘和枇杷等。

（2）病原。为真菌担子菌亚门，层菌纲非褶菌目伏革菌科的 *Corticium Saimonicolor* Berk 侵染引起。

（3）发生规律。该病以白色菌丝在病部越冬，翌年春季气温上升树液流动时开始活动，并在老病斑边缘或病枝干阳面产生粉状物，随风雨传播，从树体伤口侵入危害，并向四周蔓延扩展。菌丝生长温度为 10～30℃，最适 25℃，一般 3 月中旬开始发生，4～6 月为盛发期，11 月后转入休眠。每年 5 月下旬至 6 月和 10 月上旬至 10 月下旬出现两个高峰期。

病害的发生受降雨影响甚大。通常降雨有利于病菌孢子的形成、传播、萌发和入侵。据缪松林资料介绍，4～5 月的降水量和降水日数对该病的发生影响最大。在土壤黏重、积水和栽培管理粗放的果园，发病较重。

（4）防治措施。①加强管理，做好排水防涝，增施有机肥料和钾肥，增强树势，提高树体抗病能力。②药剂防治：冬季用 3～5 度石硫合剂清园，或在 2 月下旬至 3 月初（杨梅开花前），树干喷 10 倍松碱合剂（松香碱在花期禁止喷施，否则药液蘸到花上会造成大量落花）。4～5月中旬或9～10月盛发期树干喷退菌特可湿性粉剂600～800倍液或65%代森锌600倍液或80%代森锰锌600倍液等，隔20天左右再喷1次，均有较好的效果。对发病重的枝干，喷药前，用刷子将病菌刷下后，再喷药效果更好。

（四）干枯病

（1）症状。主要危害枝干，初期为不规则暗褐色的病斑，随着病情的发展，病斑不断扩大，并沿树干上下发展。被害部由于水分逐渐丧失而成为稍凹陷的带状条斑。病部与健康部分有明显裂痕，发病严重时，病部深达木质部，当病部围绕枝干一周时，枝干或植株即枯死。在后期病部表面着生很多黑色小粒点，即为分生孢子盘，初期埋生于表皮层下，成熟后突破表皮，使皮层出现纵裂或横裂的裂口。

（2）病原。是一种真菌，属于真菌类半知菌亚门，腔胞菌纲，黑盘孢目，黑盘孢科。

（3）发生规律。该病为一种弱寄生菌，一般从伤口侵入，当杨梅树体衰弱时，在体内扩展蔓延，发病轻重与树势强弱密切相关。

（4）防治措施。①加强对杨梅的培育管理，要实行深翻改土，多施有机肥料和钾肥，增强树体抗病能力。②及时防除害虫，以减少杨梅树干的伤口，防止病菌侵入。③要及时剪除枯死枝条，刮除病斑，并对伤口和病斑涂抹402抗菌剂50倍液进行保护。

（五）枝腐病

杨梅枝腐病一般以老树发生比较普遍，发病后造成枝干腐烂枯死，影响树势，引起树体的早衰。

（1）症状。主要为害枝干的皮层，初期病部呈红褐色，略隆起，组织松软，用手指按压即下陷，其上产生许多密集细小的黑色小粒点，即病菌子座，在小黑点上部有很细长的刺毛，这一特征可以区别杨梅干枯病。天气潮湿时分生孢子器吸水后可以从孔口溢出乳白色卷须状的分生孢子角。

（2）病原。是一种真菌，属于子囊菌亚门，核菌纲，球壳菌目，腐皮壳科。

（3）发生规律。以雨水和流动水滴传播，天气潮湿，树体衰老时发病严重。

（4）防治措施。①增施有机质肥料和各种钾肥，增强树势，提高树体对病菌的抵抗力。②剪病枝削病斑，伤口涂抹 402 抗菌剂 50 倍液或 1.6% 噻霉酮膏剂或 4% 843 康复剂，使伤口提早愈合。

（六）根腐病

（1）症状。主要为害杨梅的根系。树体发病后主要表现为地下部根群腐烂，地上枝叶急速青枯或叶黄枯死。根腐病可分急性青枯型和慢性衰亡型。

①急性青枯型：发病初期症状难觉察，在枯死前 2 个月左右才有明显症状。叶片失去光泽，褪绿，树冠下部的部分叶片变褐脱落，如遇高温干旱天气，树冠顶部枝梢出现萎蔫，刚开始时，萎蔫枝梢在次日清晨仍能恢复。采果前后如遇气温骤升，常常急速枯死，叶色由淡绿渐变红褐色脱落。30 年生以下的青壮树发病较多，占枯死树的 70% 以上。

②慢性衰亡型：发病初期春梢抽生正常，而入秋后新梢抽发很少，或不抽发，地下部表现为根瘤较少，细根逐渐变褐腐烂。后期病情加剧，树冠上有一枝、半株或全株叶片变黄，挂果少，果小、品质差。高温干旱天气，叶片逐渐变红褐色而干枯脱落，

枝梢枯死，树体有半边枯死或全株枯死。此类型主要发生在盛果期后的衰老树上，一般从症状出现到全株枯死需 2～3 年，短的不到一年。

（2）病原。是一种世界性分布的真菌，系座囊菌目的葡萄座腔菌，异名为茶藨子葡萄座腔菌，无性阶段为球壳孢目的小穴壳菌。

（3）防治措施。①提倡果园生草，在杨梅高温前、春秋季割草覆盖，保护根系。②加强栽培管理，对发病的树适当进行重修剪，对轻发病株实行换土、晒土或石灰消毒，减少病菌。③合理施肥，避免施肥不当或施肥过重损伤根系。④药剂防治。初发病株，可采取上喷下施的方法，即地面可选用 0.8% 石灰倍量式波尔多液或敌克松 1 000 倍液，每株施药液 40～50 千克，或用 50% 多菌灵或 70% 甲基托布津每株 0.25～0.5 千克或高锰酸钾每株 0.15 千克加生根粉拌土撒施，同时，树冠多次喷射代森锌、多菌灵等杀菌剂及营养液，促进病株恢复，但重病树无效。⑤发现重病株及时挖除，并集中烧毁。⑥不要与桃、李、梨等果树混栽或相邻，因桃和李是该病病原菌的中间寄主。

（七）枯梢病

（1）症状。杨梅枯梢病最典型症状表现为小叶、枝条丛生、枯梢、不结果或很少结果。病树老叶较细且狭长，叶色暗淡无光泽，叶厚、脆硬。春梢抽发比正常树推迟 1～2 周，节间短缩，顶芽往往萎缩枯死，此后基部抽生丛状小枝，呈扫帚状，新叶短而狭小，通常为正常叶的 1/5～1/2，顶叶焦枯或呈紫褐色，叶面长期淡黄不转绿，病枝上不能形成或很少形成花芽，即使有花也不能开花或开花较迟，着果率低，果实小，品质差。

（2）发病原因。本病系缺硼引起的生理性病害。

（3）发病规律。一般在红紫砂土、pH 值高、土层浅、阳坡、不施有机肥、多施用磷肥的园地发病多，春季干旱年份发病多于春季多雨年份。东魁比荸荠种易发病。

（4）防治措施。①喷施或土施硼砂。春季新梢抽发前（结果树在开花前）用0.2%硼砂加0.3%的尿素喷布树冠，隔15天再喷1次，以喷湿叶片正反面为度，喷药前先剪去丛生枝、枯死枝。喷药宜在清晨和傍晚进行。土施可在采果后结合施采果肥时进行，成年树株施硼砂50克加尿素100克，幼树株施硼砂30克加尿素60克，施后盖土。②增施有机肥料，控制磷肥施用量。

（八）肉葱病

俗称"杨梅花"、"杨梅火"。1999年在浙江爆发，浙江杨梅株发病率达20%，多的达40%～50%，甚至更高，是近年杨梅果实上发生率较高的一种生理性病害。

（1）症状。发病初期，表现为幼果表面肉柱呈不规则凸出，状似果实上的小花，轻的只少数肉柱与果核分离而外凸，随着果实的发育膨大，外凸的肉柱失水干燥自行脱落，对果实产量、品质影响不大，而发病严重的果实表面破裂，果肉失水绽开，裸露的核面褐变，果实脱落或不能食用。

（2）发病规律。一般在5月果实硬核期发生，以树冠中下部为多，树冠上部很少发病。发病重轻与品种、树势、天气等关系密切。东魁杨梅果实发病比其他品种多；癌肿病发生重的树、生长势过旺的树发病重；果实硬核期雨水多发病重。

（3）防治措施。①加强培育管理，培育中庸树势。弱树在立春和采果后，及时增施有机肥和钾肥。强树在5月上旬，疏删树冠顶部直立或过强的春梢，促进树冠通风透光。②杨梅幼果绿豆大小时喷70%甲基托布津800倍液加20%甲氰菊酯1 000～2 000倍液加0.2%磷酸二氢钾。③杨梅谢花后至果实成熟前1个月，喷施高美施600～800倍液3次，补足微量元素。④5月上旬喷施浓度为 33 毫克/千克左右的赤霉素 1 次，可减轻该病的发生。

（九）白腐病

（1）症状。果实侵害初期，仅少数肉柱萎蔫，似果实局部熟印软化状。以后蔓延至半个果或全果，病部软腐，并产生许多霉状物。果味变淡，有时还散发腐烂的气味。

（2）防治措施。①整枝修剪，使树冠通透，减少发病。②果实转色期，喷翠康钙宝 1 000 ~ 1 500 倍液或绿芬威 3 号 1 000 倍液等，以增加果实硬度，增强抗病力。③用塑料薄膜搞避雨设施，效果较好。避雨设施有伞式、棚架式、天幕式等，在果实转色期开始架设，直到采果结束。

（十）杨梅枝叶凋萎病

杨梅枝叶凋萎病是近年来为害杨梅的一种新的病害，主要为害杨梅叶片、枝干，造成大量落叶、枝枯，甚至死亡，并且死亡率较高。

（1）发病症状。

①黄化落叶型：为该病最典型的症状，一般发生在 6 月下旬至 9 月，病枝在抽发夏梢时，基部老叶开始发病，一般叶片基部先变褐色，渐至全叶，先似开水烫伤，后黄化、落叶，落叶后叶痕长出白色霉状物，初发病的枝条落叶后，簇生细而弱的新梢，最后发病新梢枯死。

②青枯型：11 月以后开始表现，先叶片似开水烫伤，后急速青枯。

③枯梢型：以 1 ~ 2 月表现较常见，冬季温度低时，整个小枝及叶片枯黄，与正常枝条黄绿相间，严重时树冠像火烧一样。

④树皮纵裂型：病树的枝干树皮纵裂。

一般从植株感病到整株死亡的时间为 2~5 年不等。

（2）病原。有报道由拟盘多毛孢属真菌引起，也有认为是肥料、多效唑等施用管理不当引起。

（3）发病规律。一般 7 月杨梅采摘后开始发病，个别年份 6 月下旬开始，一直到次年春梢抽发前，冬季如遇低温冻害，病情加重。春梢抽发后至采果前基本不发病。

（4）防治建议。

①加强杨梅园管理，培养健康树势：增施有机肥，适施氮肥，改善土壤结构，促进新根生长。合理修剪，促进通风透光。剪后伤口要及时涂抹保护剂，剪下的枝叶要及时清理到园外，病树与健康树整枝剪要分开，以免通过剪口传播。合理使用多效唑，病树禁止使用多效唑。合理结果，使营养生长与生殖生长处于平衡。做好冬季清园，春节前后全园要喷施石硫合剂或清园型菌立灭等药剂，降低病原菌数量。

②树冠喷药：选择 40% 三乙磷酸（或 45% 乙铝多菌灵）可湿性粉剂 200~300 倍液或 10% 苯醚甲环唑水分散粒剂 1 500 倍液或 50% 异菌脲悬浮剂 800 倍液或 25% 咪鲜胺乳油 1 500 倍液等药剂，交替轮换使用。防治时间：杨梅花芽萌动期（2 月上中旬）、春梢长 1 厘米、杨梅采摘后、秋梢长 1 厘米时各喷 1 次。

③地面施药：在春梢或秋梢抽发期，选用 50% 敌克松可溶性粉剂 500 倍液或 45% 敌磺钠可湿性粉剂 500 倍液灌根或株施 99% 恶霉灵 10 克加三唑酮可湿性粉剂 50 克加水 10 千克。

三、杨梅主要虫害及其防治

（一）蝶蛾类

蝶蛾类食叶害虫，主要有卷叶蛾、尺蠖、枯叶蛾、小细蛾等。

1. 卷叶蛾

属鳞翅目卷叶蛾科，为害杨梅的卷叶蛾主要是小黄卷叶蛾、褐带长卷叶蛾及拟小黄卷叶蛾。这3种卷叶蛾的生活习性和发生规律相似，常相伴发生为害。

（1）形态特征。幼虫头部褐色，身体其他部位青绿色，体长1～2厘米，甚活泼，遇惊迅速向后跳动，并吐丝下垂。

（2）生活习性。上述3种卷叶蛾在浙江一年发生4～5代，其中褐带长卷叶蛾为4代，大都以3～5龄幼虫（少数以蛹）在卷叶内越冬。翌年春季当气温回升至7～10℃时开始活动为害。除第1代发生较整齐外，其余各代常有重叠。在杨梅上以4月底至5月中旬、7月上旬至8月下旬幼虫为害最重。

（3）为害。幼虫在初展嫩叶上吐丝，缀连叶片呈虫苞，潜居缀叶中食害叶肉。当虫苞叶片严重受害后，幼虫因食料不足，再向新梢嫩叶转移，重新卷叶结苞为害。杨梅新梢受害后，枝条抽生伸长困难，生长慢，树势转弱。严重为害时，新梢一片红褐焦枯。

（4）防治措施。①人工捕杀：在幼虫发生期，可人工捕捉幼虫和蛹，集中烧毁。②生物防治：在幼虫发生期，可选用每毫升2亿～4亿孢子的苏云金杆菌制剂或白僵菌100亿个孢子/克粉剂，按每亩2千克，冲水75千克或青虫菌1 000倍液进行喷射。③化学防治：未结果树在幼虫发生期喷2.5%功夫菊酯乳油2 000～3 000倍液或25%灭幼脲悬浮剂1 500倍液或50%辛硫磷乳油1 000倍液或48%乐斯本乳油1 000～1 500倍液等进行防治。

结果树主要在7月中下旬至8月中旬3代、4代幼虫发生期防治，药剂可选择5.7%甲维盐水分散粒剂1 500倍液加3%啶虫脒乳油2 500倍液或48%乐斯本乳油1 000～1 500倍液等。5月若发生严重的年份，可用20%氯虫苯甲酰胺（康宽）悬浮剂

6 000倍液或20%虫酰肼悬浮剂1 000倍液防治。

2. 尺蠖

为害杨梅的尺蠖,主要是油桐尺蠖,属鳞翅目尺蠖科,又名造桥虫,系杂食性,主要为害杨梅叶片。

(1)形态特征。雌成虫展翅24~28毫米,灰白色。卵蓝绿色。初龄幼虫呈灰褐色,2龄为绿色,3~4龄幼虫渐转青色,5龄幼虫呈深褐色。蛹黑褐色。

(2)生活习性。该虫属完全变态,一年发生2~3代,以蛹在树冠根基表土中越冬。第1代幼虫发生期为5月中旬至6月下旬,蛹见于6月中旬至7月中旬,成虫出现于7月上旬至下旬。第2代幼虫发生于7月中旬至8月下旬,蛹见于8月中旬至9月上旬,成虫出现于9月上、中旬。第3代幼虫发生期为9月下旬至11月中旬,蛹见于11月上旬,成虫出现于翌年4月中下旬至5月上旬。

(3)为害。以幼虫在叶片尖端上啮食叶片上表皮,受害叶片干缩发红。3龄后为害树冠内膛叶片,被害叶片呈弧形缺刻。5龄幼虫食量大增,可把叶片吃尽,仅留枝干和主脉。在地面上可见密布的颗粒状粪便。

(4)防治措施。①人工捕杀:在幼虫孵化前,采集卵块,集中烧毁。在幼虫期,可用剪刀剪断幼虫,或手戴乳胶手套,将幼虫掐死。②生物防治。可参照卷叶蛾生物防治办法进行。③化学防治:对4龄前幼虫,可选用5.7%甲维盐水分散粒剂2 000倍液,或2.5%功夫菊酯乳油2 000~3 000倍液或20%虫酰肼悬浮剂1 000倍液等进行防治。

3. 杨梅枯叶蛾

此虫又称杨梅老虎,属鳞翅目枯叶蛾科,系杂食性害虫。主要为害叶片,在浙江杨梅产区普遍发生。

(1)形态特征。成虫褐色,体长20毫米,翅展40毫米左右，虫体上有灰白色或黄白色状长毛，形似毛虫。老熟幼虫长约50毫米，头暗黑色。

（2）生活习性。该虫一年发生2代。以卵越冬，第1代幼虫4月中旬孵化，6月中旬结茧化蛹，7月上中旬成虫羽化并产卵。第2代幼虫7月下旬出现，9月下旬陆续结茧化蛹，10月中下旬羽化，11月上旬产卵越冬。

（3）为害。幼虫食害叶片，仅留下表皮，严重时仅留叶脉，个别年份局部园块受害严重，将整株或成片杨梅树叶片吃光。因虫体大，为害期长，受害枝条多枯萎，甚至引起树体死亡。

（4）防治措施。①人工捕杀幼虫、卵块和虫茧。②灯光诱杀：在成虫发生期设置黑光灯，灯下放一水盆，水面倒一层柴油，进行诱杀，或用太阳能杀虫灯，或振频式杀虫灯诱杀。③生物防治：具体可参照卷叶蛾的防治。④化学防治：低龄幼虫选用10%氯氰菊酯乳剂3 000倍液或5.7%甲维盐水分散粒剂2 000倍液等防治。

4. 杨梅小细蛾

属鳞翅目细蛾科，主要为害叶片。

（1）形态特征。幼虫淡黄色，长约4毫米，宽0.7毫米，蛹长4毫米左右，黄褐色；成虫体长3.2毫米，翅展7.5毫米左右，虫体呈银灰色。

（2）生活习性。该虫一年发生2代。以老熟幼虫在泡囊中越冬，翌春取食叶片，4月中旬化蛹，5月上中旬羽化，5月下旬至6月下旬第1代成虫产卵，6月中下旬可见孵化幼虫。8月上旬第1代幼虫陆续化蛹，8月中旬开始羽化，8月下旬第2代成虫产卵。卵孵化为幼虫后为害叶片，直至越冬。

（3）为害。以幼虫钻蛀叶片形成泡囊为害，使受害处有黄豆大小的泡囊，幼虫即蛀藏其中。叶背呈深褐色网眼状虫疤，受害严重时，一张叶片上有泡囊十多个，全叶皱缩，叶片提早脱落，严重影响树势和产量。

（4）防治措施。①剪除受害枝叶，清扫地面枯枝、落叶，集中烧毁。②灯光诱杀（方法同前）。③化学防治：8~10月第2代幼虫期，选用50%辛硫磷乳油800倍液或50%马拉硫磷乳油1 000倍液或48%乐斯本乳油1 000~1 500倍液等防治。

（二）蓑蛾类

蓑蛾类属鳞翅目蓑蛾科。为害杨梅的主要有大蓑蛾、小蓑蛾和白囊蓑蛾等。

1. 大蓑蛾

又名大袋蛾、大背袋虫。除为害杨梅以外，还为害油茶、咖啡、柑橘、梨、桃、枫杨等。

（1）形态特征。成虫雌雄异态。雌成虫体长约25毫米，淡黄色，无翅，足退化。雄成虫体长15~20毫米，翅展35~44毫米，体、翅均为暗褐色。卵呈椭圆形，长约0.9~1.0毫米，淡黄色。幼虫成长时雌雄异态明显。雌幼虫肥壮，体长25~40毫米，头赤褐色，胸部背板灰黄褐色，背线黄色，两侧各有一赤褐色纵斑。雄幼虫体长17~24毫米，头黄褐色，中央有一白色"人"字形纹，胸部灰黄褐色，背侧亦有两条褐色纵斑。雌蛹体长28~32毫米，赤褐色，似蛆蛹状。雄蛹体长18~23毫米，暗褐色，被蛹。成长期幼虫的护囊长40~46毫米，丝质坚实，囊外紧附有较大碎叶片，有时亦附有少数枝梗，但排列零散。

（2）生活习性。该虫一年发生1代，以老熟幼虫封囊越冬。翌年3月下旬至4月上旬开始化蛹。5月上中旬羽化成虫，羽化后雄虫从护囊末端飞出，雌虫仍在囊内产卵。5月下旬孵化的幼虫爬出护囊分散活动，并咬碎叶片连缀在一起筑成新护囊，以7~9月危害最烈，直至11月老熟越冬。

成虫趋光性较强。雌蛾平均每头产卵2 623粒，最多可达

4 000粒以上。卵较耐干燥，在40%相对湿度下孵化率仍可达90%以上。大蓑蛾天敌较多，主要有伞裙寄蝇等寄生，以及多种鸟类啄食。

（3）为害。主要为害叶片、幼芽、嫩梢、枝皮及果实。严重时食尽叶肉，仅留叶柄和叶脉。护囊缠缚于树枝上，缠缚部位常成缢痕而易折断。

（4）防治措施。①人工摘除虫囊，集中深埋或烧毁，消灭虫源。②化学防治：在幼虫孵化盛期和幼龄期，选用5%高效氯氰菊酯乳油2 000～3 000倍液，或80%敌敌畏乳油1 000～1 500倍液进行树冠喷洒防治，但采前使用要注意安全间隔期。③生物防治：用青虫菌500～1 000倍液进行防治。④用杀虫灯诱杀成虫，保护天敌。

2. 小蓑蛾

又名小背袋虫。主要为害杨梅、油茶、山茶、白杨和紫荆等植物。

（1）形态特征。雌雄异态，雌蛾体长6～8毫米，头小，咖啡色，虫体米白色，能透见腹内卵粒，无翅，足退化，亦似蛆状。雄蛾体长约4毫米，翅展12毫米左右，翅深茶褐色，体表披白色细毛，腹面毛密而长。卵椭圆形，长约0.6毫米，米色。成长幼虫体长5～9毫米，头黄褐色，体乳白色，胸部背板黄褐色，腹部第八节背面有2个褐点，第九节有4个褐点。雄蛹体长4.5～6毫米，茶褐色。雌蛹体长5～7毫米，黄白色。成长幼虫蓑囊长7～12毫米，囊外附有茶末状枝叶碎片，内壁丝质灰白，幼虫化蛹前吐丝系于囊上。

（2）生活习性。在浙江一年发生两代，以3龄、4龄幼虫越冬。翌年3月，气温升至8℃时，幼虫开始活动，15℃以上时为害猖獗。5月中下旬开始化蛹。第1、第2代幼虫，分别于6月中旬和8月下旬孵化。

（3）为害。被害叶片咬许多洞孔或缺刻。严重为害时，会将全树叶片吃光，树势衰弱。

（4）防治措施。与大蓑蛾相同。

3. 白囊蓑蛾

又名棉条蓑蛾。主要为害杨梅、柑橘、茶和棉等。

（1）形态特征。雄蛾体长 8～11 毫米，翅展 18～20 毫米，体淡褐色，末端黑色，体上密布白色长毛，翅透明。雌成虫体长 9～14 毫米，体黄白色，无翅。卵椭圆形，长约 0.4 毫米，黄白色。成长幼虫体长约 30 毫米，较细长，头褐色，多黑色点纹。胸部背板灰黄色，两侧各有 3 列纵列暗褐色斑纹。腹部淡黄色或略带灰褐色，各节上都有规则排列的暗褐色小点。雄蛹体长 10～12 毫米，浅褐色。雌蛹体长 15～18 毫米，淡褐色，呈蛆蛹状。成长幼虫的护囊，长 30～40 毫米，细长纺锤形，灰白色，全系丝质，囊外不附任何枝叶。

（2）生活习性。一年发生 1 代，以幼龄幼虫越冬，翌年春暖继续为害。卵期为 6 月中旬至 8 月上旬，幼虫期为 7 月上旬至翌年 7 月上旬，蛹期为 5 月下旬至 7 月下旬，成虫期为 6 月中旬至 8 月上旬。

（3）为害。食害下层叶肉，使被害叶变红色早脱落。

（4）防治措施。防治措施与大蓑蛾相同。

（三）杨梅松毛虫

杨梅松毛虫属鳞翅目毒蛾科，主要为害杨梅叶片。

（1）形态特征。雌成虫体长 11 毫米，体灰黄色，足 3 对，两翅有褐色斑块和黑点。雄成虫体长 9 毫米，足退化。幼虫初孵出时头部呈黑褐色，身体呈黄褐色，有微细白毛，4 月下旬进入第 3 龄后，体长达 20 毫米，体色转为赤褐。蛹茧丝状，黄白色。

（2）生活习性。一般一年发生 1 代，以卵越冬，4 月上旬孵化幼虫。幼虫期 35～40 天，5 月上中旬结茧化蛹，缀于叶上，约经 10 天后羽化。

（3）为害。幼虫初孵出时，群集于新梢上食害嫩叶，使叶片仅留下表皮，约 1 星期后，开始分散为害，食量大增，严重时食尽叶肉，仅留叶脉。

（4）防治措施。①灯光诱杀：成虫的趋光性较强，可在 5 月中下旬设置杀虫灯诱杀。②化学防治：4 月中下旬发现幼虫时，喷 90% 晶体敌百虫 1 000 倍液或 50% 敌敌畏乳油 800 倍液等。③生物防治：饲放其天敌赤眼蜂，以虫治虫，或用白僵菌 100 亿个孢子/克粉剂，按每亩 2 千克，冲水 75 千克或青虫菌 1 000 倍液进行喷射，以菌治虫，控制松毛虫发生。

（四）蚧类

危害杨梅的蚧类害虫，主要有杨梅柏牡蛎蚧、牡蛎蚧和樟盾蚧 3 种。

1. 柏牡蛎蚧

（1）形态特征。雌成虫介壳褐黄色或棕褐色，介壳细长，略有光泽。

（2）生活习性。一年发生两代。以受精雌成虫在杨梅枝叶上越冬，第 1 代于翌年 4 月中旬开始产卵，5 月中旬孵化，5 月下旬至 6 月上旬为孵化盛期，7 月上旬孵化结束，历时 1 个多月。第 2 代于 7 月下旬开始孵化，8 月上旬为孵化盛期，10 月上旬若虫变为成虫。

（3）为害。以雌成虫和若虫固定在杨梅枝梢和叶片上吸取汁液，当年生枝条被害后，表皮皱缩，后逐渐枯萎。叶片被害后呈棕褐色，造成落叶、枯枝，严重时全株枯死如火烧状。

2. 牡蛎蚧

（1）形态特征。雌成虫介壳棕黄色，有光泽，介壳细长而后宽，腹面灰白色，中间裂缝较大。

（2）生活习性。一年发生2代。以受精的雌成虫越冬，第1代若虫在5~6月孵化，第2代若虫7月下旬开始孵化，8月上旬为孵化盛期。

（3）为害。以雌成虫和若虫群集枝梢或叶背刺吸汁液，虫口密度大，为害严重时，整个枝条或全株枯死。

3. 樟盾蚧

（1）形态措施。雌成虫介壳暗褐色或紫褐色。

（2）生活习性。在浙江一年发生2代，以受精雌成虫在枝条、叶片上越冬。翌年4月中旬开始产卵，4月下旬第1代若虫开始孵化，5月中旬为孵化盛期。7月中下旬第1代成虫开始产卵，7月下旬第2代若虫开始孵化，8月中旬为孵化盛期。危害严重者造成叶片大量脱落，枝条枯死。

（3）防治措施。①生物防治：利用瓢虫、小蜂等天敌进行防治，禁用杀伤天敌的剧毒农药。②冬春季清园：结合修剪，及时剪去枯枝及虫口密度高的病虫枝，集中烧毁，减少虫源。每年11月至翌年1月，用波美3~5度石硫合剂或松碱合剂16~18倍液清园。③化学防治：抓好5月上中旬第1代若虫孵化期防治，结果树为防止果实农药残留，防治重点应在采果后的7月下旬至8月上旬第2代若虫期。防治药剂，选用40%速扑杀（或杀扑磷）乳油1 000倍液或99%机油乳剂300倍加25%噻嗪酮可湿性粉剂1 000~1 500倍液或48%乐斯本乳油1 000倍液等，隔10天再喷1次。

（五）油茶黑胶粉虱

（1）形态特征。成虫体长约2毫米，呈钳状，头、胸部暗褐色，有光泽，前翅暗灰色，沿翅缘有6块淡色斑；后翅浅灰色，亦有淡色斑，腹部橙黄色。雌成虫腹末开口呈纯端有短柄附于叶背。卵橙黄色，鱼鳔形。幼虫3龄，初孵幼虫体长约0.2毫米，粉红色至淡黄色，逐渐变成红棕色，尾端有2对毛，两侧的毛较短，2龄后失去胸足与触角，扁椭圆形，介壳状，黑色，臀部有一簇白色蜡毛。蛹体长约1毫米。裸蛹，初蛹淡黄色，半透明，渐变橙黄色，复眼黑色，翅芽灰色。

（2）生活习性。在台州1年发生1代，以2龄以上幼虫在黑色蛹壳下越冬。翌年3月下旬化蛹，4月中旬至5月上中旬羽化。成虫羽化要求日均温度18℃左右，相对湿度大于80%，时晴时雨天气最适于羽化产卵。成虫交尾后即可产卵，卵多产于新老叶片背面，排列成环状。6月上中旬孵化为幼虫，善于爬行，找到合适场所后用口针插入叶片组织取食。7月中下旬第1次蜕皮进入2龄，形成黑色介壳，并分泌透明胶液，以后就在介壳下发育至3龄，直到化蛹，不再移动。

（3）为害。主要为害叶片，并能诱发煤污病，影响树势。

（4）防治措施。①剪除病虫枝叶，降低虫口密度，并能增加通风透光，减轻为害。②药剂防治：杨梅采摘后进行，发生严重的园块，隔10~15天再喷药1次，防治药剂：5%啶虫脒乳油1 500倍液或10%吡虫啉可湿性粉剂2 000倍液或40%速扑杀（或杀扑磷）乳油1 000倍液或99%机油乳剂300倍液加25%噻嗪酮可湿性粉剂1 000~1 500倍液或48%乐斯本乳油1 000倍液等。

（六）天牛类

又名牛头夜叉、柴丬虫。属鞘翅目天牛科。寄主植物多，为害严重，为害杨梅的主要有褐天牛、星天牛和茶天牛3种。主要以幼虫蛀入近地表的主干、根颈或粗根的皮层为害，后蛀入木质部，造成植株养分和水分的输送受阻，导致部分枝序叶片枯黄、枝条枯死，树势衰退，为害严重者导致全株枯死。

（1）形态特征。星天牛的成虫体长 19～39 毫米，漆黑色，有光泽，前胸背板有 3 个明显瘤状突起，鞘翅背面有白色绒毛组成的小斑，每翅约有 20 个，排列成不整齐的 5 个横行，似天上的星星，故名"星天牛"。卵长圆形，乳白色，孵化前黄褐色。老熟幼虫体长 45～67 毫米，黄色。蛹长约 30 毫米，乳白色，羽化前呈黑褐色。

褐天牛的成虫体长 26～51 毫米，黑褐色或黑色，有光泽，被灰黄色绒毛。头胸背面稍带黄褐色。雄成虫触角超过体长的 1/2～2/3。雌成虫触角较身体略短。卵呈卵圆形，长约 8 毫米，初产时乳白色，后变成黄褐色，卵壳上有网状花纹。老熟幼虫体长 46～50 毫米，乳白色。蛹乳白色或淡黄色，翅芽长达腹部第 3 节末端。

茶天牛的成虫体长 25～33 毫米，灰褐色，具黄褐色绢状光泽，被黄色绒毛。头黑褐色，前胸两侧稍突起，背板具皱纹，鞘翅肩部有下凹刻纹，末端圆形。卵长椭圆形，长约 4 毫米，乳白色，一端稍尖。老熟幼虫体长 30～45 毫米，乳白色，前胸背板骨化部分前缘分成 4 块黄白色斑，前胸腹面密生细毛，各节背面中央均有隆起的泡突。蛹长约 25 毫米，乳白色，复眼黑色，羽化前为灰褐色。

（2）生活习性。星天牛在浙江 1 年发生 1 代，幼虫为害杨梅树干基部或主根，并在此越冬。成虫于 4 月下旬开始羽化，5～6 月为羽化盛期，交尾后 10～15 天开始产卵，卵多产于离地 3～5 厘米的树干上，着卵处皮层隆起裂开呈"L"或"T"形，每只雌成虫可产卵 70～80 粒。幼虫孵化后在树皮内蛀食，约 1～4 个月后蛀入木质部，11～12 月幼虫停止取食进入越冬。幼虫期长达约 10 个月。幼虫在树干距地面 3～5 厘米处皮层蛀食为害，蛀道为沟状，及至地面以下后，向树干基部周围扩展，迂回为害，常因数条虫在树皮下蛀食环绕成圈，至整株枯死。有的在皮层沿根向下为害可达 16～30 厘米处，转而爬至距地面较近处再蛀入木质部，蛀入孔常位于地面以下 3～7 厘米或仅在地面以上树干内为害。其成虫也会在树冠内啃食细枝皮层或食叶呈缺刻。一般在晴天上午或傍晚活动，午后高温停息在枝梢上，夜晚停止活动。

褐天牛在浙江 2 年完成 1 世代，以幼虫或成虫在枝干内越冬，幼虫期长达 15～20 个月。7 月上旬以前孵化的幼虫，翌年 8 月上旬到 10 月上旬化蛹，10 月上旬至 11 月上旬羽化为成虫，并在蛹室中潜伏越冬。8 月以后孵化的幼虫需经历 2 个冬季，到第 3 年的 5～6 月份化蛹，8 月以后成虫才外出活动。越冬虫态有成虫、两年生幼虫和当年生幼虫。成虫寿命长达 1 个月以上，交尾后数小时至 30 余天开始产卵。卵多产于树干 30～100 厘米的分叉、伤口或树皮凹陷处，每年产数粒。卵期 5～15 天。

茶天牛在浙江 1 年发生 1 代，以成虫或幼虫在被害树干基部或根内越冬。成虫于 5 月中旬外出交尾产卵。卵产于近地面的树干皮下，尤其是老树。卵约经 10 天后孵化，初孵化幼虫在皮下取食，不久蛀入木质部，先向上蛀 10 厘米，再向下，蛀道成大而弯曲的隧道，在道口常见到许多蛀屑与粪便堆积。蛀入主根深达 30～40 厘米。幼虫期约 10 个月。以幼虫越冬者，9 月间化蛹，蛹期 24～30 天后羽化成虫，成虫有趋光性。

（3）防治措施。①加强果园管理：在 4～8 月成虫产卵期，将枝干涂白、堵塞枝干上的洞孔、清除树冠基部的杂草，可减少成虫产卵。（涂白剂配方：石灰 5 千克、硫磺 0.5 千克、食盐 0.1 千克、动物油 0.1 千克，加水适量，调成糊状即可。）②人工捕杀：5～6 月成虫大批羽化出孔时，褐天牛于闷热夜晚、星天牛在晴天中午对成虫进行人工捕杀。③人工钩杀、毒杀幼虫。4～8 月，特别在"清明"和"秋分"前后，常在树干基部检查有无成虫咬伤的伤口、流胶、幼虫蛀食时排出的木屑等，如有发现，及时用铁丝钩杀幼虫。若幼虫已钻蛀入主干，可将虫孔中堵塞木屑掏空后，把蘸有80%敌敌畏乳油的药棉球，塞入虫孔中将孔堵死熏杀幼虫，或用磷化钙颗粒塞入虫孔，用泥土封堵虫孔，毒杀幼虫。④生物防治。保护和利用花斑马姬蜂、褐纹马尾姬蜂及寄生蝇寄生。

（七）根结线虫

（1）形态特征。该虫卵似蚕茧状，稍透明，外壳坚硬。幼虫由卵经胚胎发育成线状。1龄幼虫蜷曲在卵内，2龄幼虫呈线状，仅280微米长左右。2龄幼虫侵染寄主后，虫体逐渐变大，由线状变成豆荚状。3龄幼虫开始雌雄分化，4龄幼虫雌雄分化明显。成虫雌性成熟时呈梨形，体长和宽分别为905微米、630微米左右。雄虫线状，体长1 837～1 995微米，宽32～35微米。

（2）生活习性。根结线虫以卵和雌虫越冬，以带虫的病根和土壤传播为主，病苗、水流、带虫的肥料、农具及人畜等均可传播。

（3）为害。根结线虫主要为害杨梅根部。病原线虫寄生在根部根皮与中柱之间，使根组织过度生长，形成大小不等的根结，小的如米粒，大的如核桃，呈圆形、椭圆形或串珠形，表面光滑。根结大多数发生在细根上，感染严重时，可出现次生根结，并发生大量小根，使根系盘结成须根团。由于根系受到破坏，使水分和养分难于输送，最后导致老根瘤腐烂，使病根坏死。地上部分表现为枝梢短弱，叶片变小，长势衰弱，严重时叶色发黄，无光泽，叶缘反卷，呈缺水状，开花多，结果少，坐果率低，果实小，叶片呈现缺素症。最后，叶片干枯脱落，枝条枯萎以致全株枯死。

（4）防治措施。①加强苗木检疫：严禁从疫区调运苗木（但可以从疫区引进接穗）。②病苗处理：对发病苗木用48℃热水浸泡根 15 分钟，可以杀死线虫。③被害树处理：在 2～3 月间，挖除病株周围 5～15 厘米的土壤表层的病根和须根团，保留水平根和大根，然后每株施用 1.8% 虫螨杀星乳油 25～30 毫升或 50% 辛硫磷乳油 75～150 毫升，对水 7.5～15 千克，施后覆土。对清除下来的虫根和须根团，要集中烧毁。

（八）白蚁类

为害杨梅的白蚁，主要有黑翅土白蚁和黄翅大白蚁。

（1）形态特征。黑翅土白蚁，工蚁成虫体长 10～12 毫米，翅展 20～30 毫米，黑褐色。蚁后体长 50～60 毫米。兵蚁头宽超过 1.15 毫米，上颚近圆形，左右各有 1 齿，但左齿较强而明显。黄翅大白蚁形态特征与黑翅土白蚁相似，但体稍大，翅淡黄色。

（2）生活习性。白蚁是社会性昆虫，有蚁后（雌蚁）、雄蚁、工蚁和兵蚁之分。蚁后产卵量很惊人，每年产卵量常在 100 万粒左右，初产的卵均孵出工蚁。4～10 月为白蚁活动为害期。当气温达到 20℃以上时，工蚁就外出觅食为害。5～6 月为分巢期，11 月至翌年 3 月为越冬期。

（3）为害。该虫蛀食根颈及树干木质部，使树体严重受伤，养分、水分输送阻碍，常使树冠局部枝序叶片黄萎，最后导致树势衰弱或树体死亡，尤以老树受害特别严重。

（4）防治方法。①堆草诱杀：在白蚁为害区域每隔 4～5 米，挖深 10 厘米，直径 30 厘米的浅穴，用 48% 乐斯本乳油 1 000 倍液或 40% 毒死蜱乳油 1 000 倍液加 1% 红糖喷湿嫩柴草放入浅穴中，复土诱杀。或将有白蚁危害的杨梅树基部泥土耙开，浇上 2.5% 天王星 600 倍液加 1% 红糖液或 40% 毒死蜱乳油 1 000 倍液加 1% 红糖液 15 千克，浇后覆土。②蚁路喷药：气温在 20℃以上时，在白蚁为害区域，寻找其用泥土筑的蚁路，发现白蚁后，即喷少量灭蚁灵原粉或涂灭蚁膏使其带毒返巢，传至其他白蚁而共死。③放包诱杀：以甘蔗粉为主料，拌入灭蚁灵原粉，用薄纸包成小包，放在杨梅树干边，上盖塑料薄膜，再盖上嫩柴草，诱白蚁啃食而中毒致死。④5～6月闷热天气的傍晚，可点灯诱杀成虫。⑤挖掘蚁巢，或向巢穴灌水，切断汲水线，透气孔，消灭蚁群。

（九）金龟子

属于鞘翅目金龟子科。有铜绿金龟子、花潜金龟子、茶色金龟子等。

（1）危害。成虫为害叶片、成熟果实，幼虫食害根群。

（2）防治方法。①秋冬深翻园土，冻死幼虫。②设置杀虫灯，或烧草堆，诱捕成虫。③利用成虫假死性，摇动树体，振落捕杀。④果实成熟期，挂防虫帐防止成虫进入为害。⑤采果后成虫猖獗时，于晚上20～21时喷射48%乐斯本乳油1 000倍液杀死成虫。

（十）吸果夜蛾

属鳞翅目夜蛾科。为害杨梅的主要是嘴壶夜蛾，主要为害杨梅、橘柑、桃、李等果实。

（1）形态特征。雌成虫体长18毫米，翅展约38毫米，头棕色，腹部背面灰白色，前翅紫褐色，有"N"形花纹，后缘缺刻状。雄成虫前翅赤褐色，体形略小。老熟幼虫漆黑色。

（2）生活习性。一年发生4代，以幼虫或蛹越冬，世代不整齐，5～11月都可见到成虫。该成虫白天蛰伏，晚间出来为害，较难发现。

（3）为害。在果实成熟期，成虫以刺吸式口器刺入果实中吸取汁液，被害处外观有针头大小的刺孔，果实被害后出现腐烂落果，或略有凹陷而呈黑色干腐。

（4）防治措施。①灯光诱杀：利用该虫趋光性较强的特点，夜间用杀虫灯进行诱杀。②糖酒醋诱杀：用红糖 1 份、黄酒 1 份、食醋 4 份、水 16 份配成的混合液置于树上诱杀成虫。③挂防虫网阻隔成虫为害。④铲除果园四周木防己、汉防己和木通莲等中间寄主，使幼虫失去中间食物源，以减少为害。⑤生物防治：保护和利用赤眼蜂、黑卵蜂等寄生知，利用蜘蛛风网捕成虫。⑥喷药防治：可喷 5.7% 百树得乳油 1 000 倍液拒避成虫（挂果期要注意安全间隔期）。

（十一）黑腹果绳

属双翅目果蝇科，以幼虫为害果实。

（1）形态特征。成虫体长 1 毫米左右，翅展 1.8 ~ 2.2 毫米，黑褐色。幼虫长约 2 毫米，乳白色或黄白色。

（2）生活习性。果实成熟时，成虫产卵或胎生幼蛆于肉柱间，生活史短，繁殖速度极快，世代重叠。在气温 21 ~ 25℃、湿度 75% ~ 85% 条件下，4 ~ 7 天就可完成 1 个世代，每个受精的雌果蝇可产卵 400 ~ 500 个。

（3）为害。在果实成熟期，成虫吮吸果汁，幼虫在果肉内蛀食，使被害果实凹凸不平，果汁外溢和落果，贮藏果实易腐烂，严重影响杨梅的产量、品质、贮藏性和商品性。

（4）防治方法。①绯红期前清除杨梅园杂物，有条件的进行地膜覆盖，以白黑反光膜为好。成熟期拣除地上落果和烂果，减少虫源。②毒饵诱杀成虫：从杨梅果实进入第一次生长高峰期开始，用豆腐渣∶糖∶醋以 10∶1∶1 加 0.5% 敌百虫，每亩挂 40 处；或敌百虫、香蕉、蜂蜜、食醋以 10∶10∶6∶3 或敌百虫、糖、酒、醋、清水按 1∶5∶10∶10∶20，按 8 ~ 10 份/亩投放诱饵；或用烟叶烤焦，研末调成糊，加少量食糖和果汁，拌匀后，置于广口瓶中，悬挂树上，每株 4 ~ 6 只，诱杀成虫。也可将松香7份、红糖1份、机油2份，混合后涂于韧性的纸或绳上，制成黏绳纸（绳），挂于树间，进行诱杀。③黄虫板诱杀。④防虫帐防果蝇（见网室栽培）。⑤药剂防治：在采前一个月，地面、树冠喷30%灭蝇胺2 000倍液等。

四、灾害性天气的防御

（一）风害

（1）台风危害。杨梅树冠高大，根浅叶茂，枝质松脆，台风暴雨易造成杨梅枝折干断，甚至整株吹倒、连根拔起，给杨梅生产带来严重危害。为减轻台风危害，应做好防范工作：①建造防风林和推广矮冠整形。②在台风过境前，对树冠修剪，减少阻力，风口处树体用支柱扶持和增土加固，全园地膜覆盖等。③台风过境后，及时扶树理枝，修剪清理断枝，缚扎折裂枝条；植株掀翻，根系外露，伤根严重的树，不宜扶直，应抓紧培土护根，同时，做好树冠剪叶、疏枝，减少叶片水分蒸腾。④树体受灾后，根系受损，吸收肥水能力减弱，不宜立即根施肥料，可选用0.1%～0.2%的磷酸二氢钾、0.3%尿素或绿芬威2号1 000倍液等进行根外追肥，每隔5天左右1次，连喷2～3次，等树势恢复后，再进行根际施肥，促发新根。⑤台风过后，树体伤口多，极易感染病菌，因此，要注意做好喷药防治，防止褐斑病、癌肿病、赤衣病等病害暴发。药剂可选用50%多菌灵600～800倍液或70%甲基硫菌灵600～800倍液或80%代森锰锌600～800倍液等。

（2）风沙危害。春季花期常遭刮西北风、落黄沙的危害，对杨梅授粉授精影响很大，坐果率大大降低，所以，在风沙过后，立即喷清水洗沙和喷布30毫克/千克赤霉素保果，以提高着果率和产量。

（二）旱害

杨梅都在我国南方各省的山坡上栽种，目前，多数缺乏灌溉条件，5～6月果实膨大期遇干旱，会影响果实膨大发育，影响产量和品质；至7～8月伏旱期，除降雨少，日照强，蒸发烈，土壤会严重缺水外，因果实采收后，树体虚弱，干旱严重影响夏梢生长，尤其南坡和西坡更为突出。所以，在建园时，在园内多设水沟和贮水池，干旱时人工灌溉。此外，杨梅园实施生草栽培和地面覆盖，减轻旱灾。

（三）雪害

杨梅枝叶茂密，树冠极易积雪，且枝质松脆，易被积雪压断，导致减产。因此，不管下雪是否停止，一发现树冠积雪，及时用细竹竿从下往上轻轻抖落树冠上的积雪，防止枝干压断冻裂。雪后及时检查树体，对被大雪撕裂的枝干及时扶回原处，用绳子捆绑固定，涂上接蜡，然后用薄膜进行包扎；对压断、压裂无法复原的枝条，进行修剪，并对伤口进行保护；被雪压断的枝条做好修剪及伤口保护。

（四）冻害

杨梅虽然比较耐寒，但也经常看到杨梅受冻，主要表现症状有：枝干树皮冻裂、嫩梢冻伤、高山杨梅花蕾期、开花期花器受冻，影响坐果等。

1. 杨梅冻害的预防

（1）选择好园地。在浙江种植高山杨梅海拔高度应控制在700米以下，应选择在山峦叠嶂的山岙中和山塘水库边的山坡地上，并且北面最好有大山阻隔。不宜选择在岗头、岗背和孤独山岗种杨梅。因这些地方由于山体相互遮阴少、太阳光的紫外线辐射强、风速大、水分蒸发量大、土壤含水量低等，对杨梅生长发育不利。因此，高海拔山地杨梅一定要选址合理。

（2）合理施肥。高海拔山区由于入冬比较早，且极端最低气温也较低，如果幼树晚秋梢旺发，再遇强低温寒潮袭击，会加重冻害。因此，在施肥上，幼树应在6月底前施结束，结果树应在采收结束及时施下，以控制晚秋梢和冬梢的抽发，减轻冻害。

（3）合理修剪。重视采后及时修剪，促发夏梢整齐抽发，要注意"开天窗"，促进通风透光，减轻雪害。

（4）提前防冻。及时注意"天气预报"，要在冻害来临前提前完成。

①树干涂白：主干及一级主枝涂白：涂白剂：5千克石灰、100克食盐、100克植物油、0.5千克硫磺，加适量水，调成糊状。

②培土、覆盖：在树干周围培新鲜疏松的客土50～100千克，高30～50厘米，再加地膜覆盖，或用稻草圈绑树干，地面覆盖柴草。

③大雪天要及时摇雪，特别是在雪后尽可能做到树上不积雪，因为雪后持续的雪水很易冻伤杨梅叶片。

2. 冻后补救措施

（1）适时修剪。早春及时摘除被冻死的叶片，扶起被雪压伤或压断的树枝，尽可能的保留健康的杨梅叶片，对大枝修剪可推迟到5月进行，有利于伤口的愈合。

（2）全株用"果树专用型天达2116"800～1 000倍液或0.3%尿素＋0.2%磷酸二氢钾加农用链霉素3 000倍液喷施，10天1次，连喷2～3次，以迅速增强叶片的光合作用与养分的吸收能力。

（3）在被冻伤的杨梅树主干及1级主枝上，用"天达2116"200倍液涂韧皮部后用布片圈绑，或直接用布片或稻草绳圈绑被冻伤的主干和主枝。

（4）以上措施如不能挽救的，要及时据去杨梅大枝，并遮阳，促其抽生新枝，一般3年后可恢复树冠与产量。

（五）水害

杨梅都在坡地种植，如山洪暴发和暴雨后，易遭受泥石流危害，水土流失严重，造成杨梅根系裸露，重则树体倒伏。所以暴雨后要及时培土和扶正树体。杨梅也忌积水，因此，积水园块雨后及时排水，否则容易出现霉根，甚至叶黄枝枯，全树死亡。

第十二章　果实采收与保鲜贮运技术

一、果实采收

(一) 采收时期

杨梅果实无后熟作用，采收成熟度严重影响杨梅品质，所以杨梅采收时期一般是根据果实成熟度而定，只有达到适当的成熟度，才使果重达到最高、品质达到最优，风味达到最佳。杨梅果实的最佳成熟度，以9成以上成熟为好，这样的成熟度，不论鲜食、加工、贮藏都是合适的，但近距离（300千米以内）运输且无需贮藏的杨梅，以充分成熟时采收最好，具体可根据色泽判断成熟度。乌杨梅品种群如荸荠种、晚稻杨梅和丁岙梅等，果实呈紫红色或紫黑色时，甜酸适中，风味最佳，此时为最佳采收期，如果不及时采收，果实颜色变成炭黑色，风味反会变差，甚至变质腐烂。红杨梅品种群，在肉柱充分肥大、光亮，色泽呈深红或微紫时即可采收。白杨梅品种群以果实肉柱上的叶绿素完全消失，充分肥大，呈白色或略带粉红色水晶状发亮采收为宜。

(二) 采收方法

1. 采摘时间

采收时间以上午9时前或下午16时后为佳，一般不宜在雨天或雨后初晴时采收，否则不易贮藏，但遇连续多雨果实成熟，亦当采收。

2. 采收前的准备

割净树冠下面杂草、杂树，剔除硬物后铺设在树盘内，或在树冠下铺薄膜，便于采摘、收集落地果。采收前剪去指甲，以免刺伤果实。竹篮（篓）、泡沫箱等盛果容器底部衬垫青草、蕨类、杨梅树叶等软物，防止果实压伤。

3. 采摘方法

采收时套上橡胶手套，用三指握果柄，果实悬于手心中，食指顶住柄部，轻轻向上捻动，连柄采下果实，切忌将果实拉下，高大树冠顶上的少数果实难以采收时，可以连枝剪下再采摘，过高的大枝可用人字梯或杨梅专用采摘工具进行采摘，同时，尽量做到边采摘边分级。用于腌制杨梅干坯或制作杨梅酱等果实，可在树下垫草或铺塑料布，直接摇落果实捡拾，此方法速度快，损伤大，要在 1～2 天内尽早处理，以免腐烂变质。

4. 采收注意事项

盛果容器不宜过高过大，一般以能放 10 千克左右果实为宜，容量太大，容易挤压受伤。采收到的果实如遇果面有水分，要尽快在通风处晾干或用电风扇吹干，然后再进行低温贮藏。

二、果品挑选、分级

为适应各层次消费者的需求，以实现果品销售效益最大化，应当对采收的杨梅首先进行挑选、分级处理，操作应在环境温度较低（10～18℃）的场所进行，根据果实的大小、颜色或成熟度进行分级；挑选品质优良的杨梅，剔除虫害、病害杨梅以及干果、裂果、机械伤的杨梅。挑选分级后的杨梅果实装入保鲜筐内，按等级分区放置。

（一）果品质量的构成

果品的质量由外观质量和内在质量构成，通常称之为"外质和内质"。外质以感观指标控制为主，即看得到的部位，如果色深浅、果面光洁度、伤疤、病虫、污物等；内质主要用理化指标来控制为主，如糖酸比、可溶性固形物、可食率等，还辅以风味品尝的感观指标。卫生指标贯穿外质和内质。所有质量指标由感观指标、理化指标、卫生指标来控制。

（二）果品分级标准

果品分级标准见表 12 - 1、表 12 - 2。

本标准引自临海市地方标准《临海杨梅》（DB 331082/T005. 1—2009）。

表 12 - 1　杨梅果品分级标准（感观指标）

级别 项目	特级	一级	二级
色泽	着色良好鲜艳，呈现紫黑色或深红色或本品种固有色泽	着色良好鲜艳，呈现紫黑色或深红色或本品种固有色泽	着色良好鲜艳，呈现紫黑色或深红色或本品种固有色泽
果形	端正	端正	端正
果面	洁净，无机械伤，无病虫斑	洁净，无病虫斑，允许少量伤果，但占果面不超过10%	洁净，允许少量伤果，但占果面不超过15%
肉柱	充实，顶端圆钝或少量尖锐	充实，顶端圆钝或少量尖锐	顶端圆钝或少量尖锐
风味	正常	正常	正常

表12-2　杨梅果品分级标准（理化指标）

项目 \ 级别	特级			一级			二级		
单果重（克）	大果型	中果型	小果型	大果型	中果型	小果型	大果型	中果型	小果型
	≥22	≥17	≥12	≥20	≥15	≥10	≥18	≥13	≥8
可食率（%）	≥90			≥85			≥85		
可溶性固形物含量（%）	≥11.0			≥10.5			≥10.0		

注：大果型主要指东魁，中果型主要指临海早大梅，小果型主要指荸荠种；

卫生指标　按照GB 2763、GB 14928.8、GB 14928.10、GB 2762规定指标执行；

等级差允许度　同一级果实中，不符合该级标准的邻级果，按个数不得超过5%，不得有隔级果

三、预　冷

预冷应在挑选分级完毕后立即进行（一般在采后2~4小时内），若来不及挑选整理，也可先进行预冷。可以采用简单强制预冷的方法，将包装箱或筐分散放在冷库中，靠较强的冷空气快速排除田间热和呼吸热，使果实体内温度快速降到2℃左右。条件允许的话可采用田间真空预冷装置和就地预冷设备，可迅速预冷杨梅，使之快速降温到预定温度，符合冷藏要求。

四、包　装

精美、科学、合理的包装可以提高果品的商品性，提升果品的品位、档次，有利于延长果实的保质期，促进销售，实现经济

效益最大化。包装物料总的要求是既牢固、轻便，又要无污染、无毒、无影响人体健康的病菌或其他有害物质。

（一）包装设计与制作

（1）内包装。内包装设计与制作要突出卫生、新颖、精美、轻巧等主旨，满足消费者多层次的需求。采用的形式有纸盒、塑料篮、塑料袋，或以纸浆和发泡聚乙烯为材料制作的模塑托盘等。

（2）外包装。外包装设计与制作要时尚、精美，图案形象逼真、诱人，突出广告效应。包装材料大多是纸箱、聚苯乙烯泡沫包装箱，也有聚乙烯塑料箱。

（二）包装材料的要求

（1）要质轻坚固，不易变形或破碎，能承受一定的压力。
（2）既能通透，又有防潮性能。
（3）要清洁卫生，无污染，无异味，无有害的化学物质。
（4）要价廉易得，成本低，使消费者减轻负担。

（三）包装设计注意事项

（1）包装容器应大小适宜，堆放、搬运方便，易于回收处理。
（2）包装内壁要平整光滑。外面有洁净感，并注明商标、品名、等级、重量、产地、采收日期和特定的商品标志。
（3）国外运输大多以纸箱包装，并要求与集装箱或库容相符合。［不论内外销的纸箱都必须双瓦楞制作，内衬符合绿色食品要求的薄膜（袋）防止纸箱吸湿损坏］。

五、杨梅保鲜与贮运

杨梅果实常温贮藏比较困难，有"一日变色，二日变味，三日变质"之说，故杨梅采摘后应尽快包装，并迅速组织调运。目前，延长杨梅保鲜期的办法，主要是采取降低温度和呼吸强度以及有害微生物的繁衍，主要方法如下。

（一）泡沫箱低温保鲜贮运

在台州临海一带杨梅产区的经营者常用泡沫箱加冰块低温保鲜进行销售。所用的设备和材料如下。

预冷冷库、抽气设备（自动或手动抽真空机）、热收缩机、PE 保鲜膜、PE 保鲜袋（0.04～0.06 毫米）、定型冰块（1～2千克）、白色泡沫箱（以每箱装杨梅3.5千克为例，泡沫箱厚度约2.5厘米，内径高度14厘米、长度36厘米、宽度22厘米，中间预留放冰隔槽）、食品级塑料篓和外包装箱（规格与泡沫塑料箱相配套）、隔热保温材料、封口机、夹角机、薄膜袋、小包装干燥剂等。

操作程序。

1. 选果

选择9成成熟、果形圆整，无损伤，无腐烂的优质果，按要求分等级分别存放，操作在环境温度16℃左右的场所进行。

2. 预冷

将挑选好的果实，立即进入小型预冷库预冷。预冷库温度为0～3℃左右，预冷时间1～3小时。

3. 包装

（1）装篓抽气。将经过预冷的杨梅果实装在塑料篓内，装篓时，要求果实须紧密排列，不可硬塞，不可挤压，每篓以1～

2千克为宜，置放高度要与箩口相平或略低，然后套上保鲜袋，内放1包干燥剂，再用抽真空机自动抽气封口或用手动抽气设备将袋内的空气抽出，抽气时，要掌握力度，使保鲜袋刚贴近果实、不伤及肉柱为度，并迅速扎紧袋口，将抽气后的杨梅箩放入泡沫箱中，左右各一箩。

（2）置冰。将定形冰块放在泡沫箱的中间隔槽内，装入冰块的多少，要根据运输距离、果实多少而定，一般杨梅与冰瓶（袋）的重量比宜不大于4∶1，即距离远、所装果实数量多的，冰块要多些，反之，冰块可少些，以节省成本。冰块要在低于-18℃条件下冻结制得。

（3）封口压膜。盖好泡沫箱箱盖，用黏胶纸封住缝口，固定箱盖，将封好的泡沫塑料箱装进彩印纸箱（外包装箱）内，套上薄膜袋，用通过式封口机将袋口封死，薄膜袋四角用夹角机夹平，将箱的上面和四周各面用小铁棒各钻2个小洞孔，以利透气，最后用热收缩机将整个包装箱封膜压平，使包装箱平整美观。

4. 运输、销售

杨梅为易腐农产品，装好的果实箱，应立即装车起运，出库销售（如暂时不销售的应放在冷库内贮藏），减少运输时间。装车时，果箱要堆实、固定、不使移动，堆放好以后最外层用泡沫板或其他隔热保温材料包围住，以减少外界气温对果实的影响。装卸过程要注意轻拿轻放，运输途中避免剧烈颠簸，到达经销地后应迅速销售。长途运输最好用冷藏汽车，进行冷链销售或飞机空运，节省时间。所谓冷链运销是指杨梅果实从贮藏、运输到销售的整个过程都处于一定的低温环境下，使杨梅能较长时间内保持较好的产品质量，满足消费者的需求。

（二）气调保鲜贮运

气调保鲜是在低温保鲜贮藏的基础上发展而来的。选果、预冷、装车、运输与低温保鲜运销相似，所不同的是：在包装时选用气调保鲜袋装果后，用真空封装机将袋中的部分氧气抽掉，充入氮气，使氮气与氧气达到适当比例后密封袋口。这样，贮藏保鲜期可延长。

（三）冷库保鲜贮运

杨梅采收或装箱后，如不能立即销售的，应放在冷库内贮藏。近年来，各地在东魁杨梅低温冷库贮藏保鲜技术和包装应用方面积累了较多的经验，并形成了一套操作规范，具体做法如下。

1. 贮藏果实要求

（1）选择果实成熟度9成，果实有较高的硬度，无机械伤、无肉葱病等病虫为害等缺陷。

（2）采收要求时间为晴天或阴天，上午9时前或下午15时后进行，边采边分级。如遇特殊需要，雨天果实采后必须进行冷风干燥去湿。

（3）搬运方法。采用肩挑、手拎等方式将杨梅从采摘地搬运到贮藏库收购场地。

2. 贮藏技术要求

（1）冷藏库要求。

①选址要求：建在杨梅产地，减少入库前运输造成的损伤，并有配套的收购场地。②温度控制范围 −5~15℃，波动度±1℃；相对湿度控制范围，相对湿度85%~90%，波动度±3%。③库房配置加湿器、臭氧发生器、换气窗，有条件的还要配备制冰室和预备机组，制冰室温度控制范围−10℃以下。

（2）库房准备。

①贮藏前库房应打扫干净，用具洗净晒干，用臭氧消毒 2 小时，或入贮前 5 天采用硫磺熏蒸法进行消毒，用量为 15～20 克/立方米，消毒完成后密闭 24 小时，在入库前 24 小时敞开库门，通风换气，入库前应对设备进行调试，确保设备运行正常。②配备冷库专业操作工人或建立快速的维修网络。

（3）贮藏用具。要求透气、壁光滑、大小、深度适中。可用通气良好的塑料框盛放，每篮（筐）容量不超过 10 千克。筐高度为 15 厘米左右为宜。2～2.5 千克小包装可先在塑料篮（筐）内放入 0.04～0.06 毫米厚 PE 保鲜袋，把杨梅装入保鲜袋后进预冷室盛放，出库后抽气可直接放入泡沫箱运输。

（4）贮藏方式。

①堆贮：果筐在库房内呈"品"字形堆码，筐间留 5～10 厘米间隙，堆间留 80～100 厘米宽的通道，四周与墙壁间隔 30～40 厘米，距离冷风机出口 1.5 米以上。果筐堆放高度视容器的耐压程度而定，但最高层筐距离库顶需有 80 厘米以上的空间。

②架贮：用木架或不锈钢架。为最大限度地利用库房的立体空间，须对贮藏架的设计和布局作出合理安排。贮藏架应分 3～4 层，总高度不超过库高的 2/3，每层高度以码垛三层为宜。架的宽度以两人能操作方便为度，架的摆放要适宜货物、人的进出，并留有一定的操作空间为原则。2～2.5 千克的小包装更适宜架贮。

（5）库房管理。

①预冷：采收后的杨梅立即送入预冷库进行预冷，预冷温度 3～7℃，预冷 3～6 小时。经过预冷后的杨梅才可入库贮藏。

②温度湿度要求：贮藏温度控制在 0～3℃，空气相对湿度控制在 85%～90%。

③分批入库：为快速排除果实带来的田间热和呼吸热，每次

入库的果品不宜过多，以总贮藏量的 20% ~ 25% 为宜，待库温稳定后再进行下一次的入库。

④其他：果实应注明入库时间及等级，分排分层摆放，便于观察与出库。定期检查库房的温、湿度变化以及其他异常情况，并作好记录，出现问题，及时处理。贮藏期间，要经常检查果实品质、发现烂果应及时挑出，以免影响其他果实。

⑤杀菌：采用臭氧杀菌。臭氧杀菌在冷藏室进行，每 50 立方米空间安放臭氧发生器一台，按开 1 小时，关 4 小时循环，臭氧发生量为 1 200 毫克/小时。

3. 包装运输要求

参照泡沫箱低温保鲜贮运。

第十三章　杨梅品牌建设与市场营销

一、品牌建设

(一) 农业品牌的概念

品牌是一种名称、术语、标记、符号或图案等要素的组合，用于识别某种农产品与同类农产品相区别，企业把某种农产品的特点用特定的品牌表现出来，使消费者一看到这个品牌的农产品就想到这种农产品的质量、价格、特色及售后服务的独到之处。所以品牌是信息不对称条件下农产品质量识别的重要媒介，从而节约了消费者的信息成本。同时，品牌还可以满足消费者的特殊偏好，随着经济的发展和人均收入水平的提高，特别是目前一部分农产品生产企业缺乏农产品安全诚信度的时候，农产品的品牌忠诚度有逐渐增强的趋势。

(二) 杨梅品牌建设的作用

农产品的品牌效应是巨大的。美国广告专家莱利莱特在对未来营销趋势进行预测时曾指出："未来营销是品牌的战争——品牌高下的竞争，拥有市场比拥有工厂更重要。"所以，任何农产品的生产、加工企业都不能忽视品牌战略的重要性。

杨梅品牌是杨梅产业标准化、集约化、产业化、现代化的延伸和高级发展阶段，是联系杨梅生产者和产品市场的桥梁和纽带，是把果品优势和资源优势转化为商品优势和市场优势，从而获得良好并持久的经济效益的最直接途径。

随着经济社会的全面发展，杨梅果品已从卖方市场转向买方市场，特别是在当前国际经济一体化和市场国际化的大环境下，果品市场竞争日趋激烈，即使国外几乎没有的杨梅果品，仍然受到国外其他果品的冲击，面临市场竞争的压力。创建杨梅品牌，有助于增强市场竞争力，扩大果品销售；有助于有效规避市场风险，增加企业盈利和果农收入；有助于降低消费者的购买风险，增加果品的顾客让渡价值；有助推进产业化和现代化，走规模效益之路。

（三）打造杨梅品牌的步骤

1. 商标注册

商标是商品的生产者、经营者在其生产、制造、加工、拣选或者经销的商品上或者服务的提供者在其提供的服务上采用的，用于区别商品或服务来源的，由文字、图形、字母、数字、三维标志、声音、颜色组合，或上述要素的组合，具有显著特征的标志，是现代经济的产物。经国家核准注册的商标为"注册商标"，受法律保护。商标是产品与包装装潢画面的重要组成部分，设计精美、寓意深刻、新颖别致、个性突出的商标，能够很好地装饰产品和美化包装，使消费者乐于购买。

商标分为商品商标、集体商标、证明商标。集体商标是以团体、协会或者其他组织名义注册，供该组织成员在商事活动中使用，以表明使用者在该组织中的成员或资格的标志。证明商标，是指由对某种商品或者服务具有监督能力的组织控制，而由该组织以外的单位或者个人使用于其商品或者服务，用以证明商品或服务的原产地、原料、制造方法、质量或者其他特定品质的标志。杨梅的生产、加工企业，应根据自身特点或个性特征，注册商品商标。注册商标时应注意：易认、易读、易懂、易记、易写；把握特征、突出重点；名实一体，避免自相矛盾；要考虑消费对象的心理；名称要有美感、有寓意。

现行杨梅生产经营者规模相对较小，创建企业自身的知名品牌难度较大，因此，杨梅主产区应根据区域特色，注册证明商标或集体商标，打造区域性区域公共品牌，是助农增收的一个重要途径。注册证明商标、集体商标，要注重挖掘好、利用好地方的历史、文化、旅游、产业、区域等资源，把地方特色文化注入其中，丰富杨梅品牌的文化底蕴。如临海杨梅、仙居杨梅等证明商标，都以地名来注册证明商标，将地方的历史文化元素融入其中，充分体现地方特色。

2. 品牌运作

（1）品牌定位。品牌是企业的无形资产，是企业及产品的标志和形象信誉的体现。杨梅生产经营者要通过对市场消费趋势和竞争态势分析，选择能发挥自身优势的策略。为自己品牌在市场选准一个明确的、符合消费需求的、有别于竞争对手的品牌定位。

（2）品牌内涵。杨梅的生产，有很大的区域局限性，同一品种在不同的地方有着不同的地方特征。因此，杨梅的生产经营者要注重当地的历史、文化、人文地理等元素融入品牌之中，突出特色和个性，提升品牌的文化品位，使消费者在获得物质享受的同时，也获得精神上文化上的享受。

（3）搜索资源。品牌的创建依靠的不仅仅是自身资源，也要充分利用产品资源、历史资源、人脑资源、科技资源、渠道资源、权利资源、资本资源、事件资源等身边资源，这些平常资源经过重新整合善用，将产生不同凡响的能量。然后把社会资源与产品的卖点嫁接，用载体抢占社会资源，如杨梅的保健、药用功能就是一个很好的载体。

（4）洞察机会。作为农产品，消费者冲动性购买行为较多，我们的注意力应放在强化购买的动机和终端互动激发上。如产品的味道是否独特、是否卫生安全、营养价值高不高、是否能满足对生活品质的要求等。

（5）品牌信誉。质量是品牌的生命，要想自己的品牌在同类产品出脱颖而出，首先要在质量以及经营的诚信度上下工夫。杨梅作为没有外果皮的裸果，除了保证果实色泽、果形、风味、糖度等品质以外，更要注重果品的安全性。现在杨梅消费者最担心的问题，就是果品的安全问题，如果企业能让消费者在品尝杨梅营养、美味的同时，吃得放心，心情愉悦，那么产品的市场占有率就会稳步提高，最终获得很好的回报。所以杨梅生产经营企业或合作社，要因地制宜建立果品质量安全标准体系，也就是要以果品的质量、安全为中心，以市场为导向，以科技为动力，以生产为基础，以果品等级制度为重点，建立起果品生产、加工、贮藏、运输、销售全过程及操作环境和安全控制等方面的标准体系，要结合自身的生产经营特点，制定企业或合作社操作规程、田间管理档案、农业投入品台账制度、产地编码制度、销售台账制度和质量安全承诺制度与可追溯制度。做好基地、产品的认证，提高品牌的社会信任度。

（6）品牌宣传。酒香还得勤吆喝。杨梅虽好，但由于杨梅分布区域的局限性，好多消费者特别是北方消费群体，对杨梅的认知度比较低，就是在南方，有这么多的杨梅品牌，如果不做好宣传，也难吸引消费者关注。所以杨梅的主产区、生产企业或合作社，要想提高杨梅品牌知名度，必须加强宣传力度。要充分利用电视、广播、报纸等新闻媒体，积极参与全国性、地方性的农产品展示、展销、博览、交易、洽谈、名优评比等活动，在果品成熟季节，因地制宜举办杨梅节等节庆活动，可吸引越来越多的城乡居民参与其中，提高品牌的知名度和影响力。杨梅生产经营者可结合杨梅基地的地理特征和地方特色，建设休闲采摘观光基地，或通过协会、地方、政府，组织到各大中城市，有条件的到港澳台甚至国外，进行果品推介和展示，多渠道宣传品牌农产品，使更多的消费者了解杨梅，提高品牌的市场占有率和竞争力。

3. 商标管理

集体商标和证明商标管理单位，因制定集体商标或证明商标的使用许可规则，建立证明商标或集体商标的准入制度和淘汰机制。如《"临海杨梅"证明商标使用许可规则》，其准入条件如下。

①使用"临海杨梅"证明商标的产品须产于临海市现行政管辖区域范围内；②申请使用"临海杨梅"证明商标单位在临海市境内登记合法的经营执照，并具备经营临海杨梅产品的能力；③申请单位有自己的杨梅生产基地，并实施标准化生产，建立完善的生产管理档案，实施杨梅生产全过程的监管，实现产品质量可追溯性；④申请单位有自己的注册的杨梅商标；⑤产品（基地）获得绿色认证（包括有机产品、绿色食品、无公害产品、森林食品等）并在认证有效期内；⑥诚信经营，无不良经营记录，并规定了证明商标的使用方法、包装印制内容、数量等。

对有下列行为之一的收回许可证，并提请有关部门销毁已印制的包装和依法处理。

①违反《"临海杨梅"证明商标使用许可规则》和证明商标使用许可合同；②发生质量安全问题，严重影响"临海杨梅"品牌形象；③用"临海杨梅"证明商标销售非采集于临海的杨梅；④没有建立生产管理档案，未实现生产全过程监管的；⑤包装果品的印制没有执行备案和许可制度的；⑥连续两年未正常使用"临海杨梅"证明商标进行经营活动。同时，规范了"临海杨

梅"证明商标使用申请程序，从而使"临海杨梅"的品牌信誉度不断上升，市场空间不断扩大，促进了果农的增产增收。

二、果品的市场营销

随着我国社会主义发展进入新的历史阶段，农村经济和农业生产力得到了全面提高，长期以来困扰我国的农产品短缺问题也得到了根本性的解决。近年来我国的农产品供求总体平衡，丰年有余，供求关系发生了质的变化，现在一提起农业，自然就会联想到"农产品品质与卖难"、"增产不增收"等。所以今天的农业，已经不是简单的"田间生产"问题和一般的销售问题，而是一个如何以消费者需求为导向的营销管理问题，也就是一个如何生产符合消费者需求的优质农产品并卖个好价钱的问题，因此，农产品市场营销的重要性就凸显出来。但目前我国农产品市场营销的主要方式和手段还比较落后，仍然停留在农产品供货会、展销会、上门推销、坐地等客等传统方式上。

（一）果品营销的特点

（1）营销产品的生物性、自然性。具有鲜活性、易腐性（不易贮存）等。

（2）果品供给的季节性强，缺乏弹性。

（3）果品需求的多样性。

（4）大宗主要果品品种营销的相对稳定性。

（二）营销策略

（1）市场定向和差别化策略。杨梅果品的生产和营销要根据资源、区位、市场和消费群体来确定，蓄意制造时间差，如大棚杨梅提前上市、高山杨梅推迟上市，适时卖上好价钱。同时，要细划消费群体，如城市家庭可分为工薪消费阶层、年轻白领族和高薪退休阶层、小康阶层，这三个层次的消费群体对杨梅果品的消费需求不一样，工薪阶层追求便宜与实惠，年轻的白领和高薪退休阶层追求果品的营养与外观、时尚，小康阶层追求果品高档、独特。

（2）品牌化营销策略。品牌的作用不仅仅表现在产品识别上，更重要的是将果品质量、市场信誉传导给消费者，给消费者以信心和市场影响力，在给消费者物质享受的同时，带给消费者一定的精神享受，打造果品品牌，以质、以名、以包装创牌，树立良好的品牌形象，珍惜和维护品牌信誉。

（3）果品加工策略。龙头企业、合作社等通过对杨梅果品进行一定的工程技术处理如真空包装、速冻、腌制杨梅干等，拉长果品营销时间，提高果品的附加值。

（4）特殊要素包装策略。目前，消费者对杨梅果品的需求产生了很大变化，不仅要求果品好吃，还要求包装好看，因此，生产经营者要推出一些新的花样迎合消费时尚。如仙居杨梅、临海杨梅、青田杨梅、上游杨梅王等，往往把当地的历史地理背景、人文习俗背景、自然景观背景等特殊要素融入包装设计之中，能有效地区别同类果品，同时，使消费者将果品与其背景有效连接，迅速建立概念，能有效扩大消费。

（5）绿色营销策略。目前，消费者日益重视食品安全，对消费无公害农产品、绿色食品已成为一种趋势，因此，突出杨梅果品的质量安全，实施绿色营销策略，生产经营无公害农产品、绿色食品、有机食品，可满足现代人不同层次的消费需求，提高市场占有率。

（6）体验营销策略。把果品的优劣完整呈现在消费者面前，通过对果品的观、闻、品、验等手段，让消费者明白什么样的果品符合自己的需求，拉近消费者的感官识别，从而建立牢固的果品信任感，促进就地应时消费，如观光采摘游和农家乐营销形式。同时，到大中城市召开新闻发布会、推广介会、品尝会、展销会等形式，让消费者直接体验果品的质量优劣等，能有效促进消费。

（7）媒体网络广告策略。在网络及电视、报纸等媒体上介绍果品的生产、销售过程，重点突出产品的营养价值、保值功能等，这样的宣传力度越大，果品的知名度就会越高，越能够与消费家庭融合，加快果品的现代营销步伐。

（三）销售渠道

（1）专业市场销售。即通过建立有一定影响力和辐射能力的果品专业批发市场来集中销售果品。专业市场具有销售量集中、销售量大，对信息反映快，在一定程度上实现了快速、集中运输等优点。

（2）经纪人代收。目前，不少外地的水果公司，委托经纪人在杨梅主产区收购中低档杨梅，水果公司给予经纪人一定的代收手续费或代劳费，再经水果公司销往全国各地的水果批发市场。这种方式，对果品的外观和质量要求不高，但销售量大、速度快。

（3）合作组织销售。即通过综合性、区域性或专业性的合作组织销售杨梅果品。对于专业合作社内部成员的果品随行就市收购，盈利按一定比例返利，风险共担，利益共享，对果品质量要求高、外观好，绝大多数有品牌、有包装（真空包装为主），主要用于精品销售。对合作社外的果农，通常只是买卖关系。

（4）贩销大户销售。在改革开放的大潮中，杨梅、柑橘等主产区涌现出了一批销售果品发家致富的"能人"，即贩销大户。他们根据不同季节到全国各地贩销果品，即杨梅上市贩销杨梅，桃上市贩销桃，柑橘上市贩销柑橘，特别是不同地区杨梅的上市时间有早迟，按照成熟早迟，从云南到福建，再到浙江，一路贩销果品，这已成为果农与大市场联结的纽带和桥梁。这种方式，适应性强、信息反映快、稳定性好，但销售能力有限。

（5）果农直接销售。即果农通过自家的人力、物力把果品销售到周边地区。这种方式销售灵活，果农获得的利益大，但销量小而不稳定，如在产地旁边设摊出售，或采摘游销售，或直接以礼品包装形式发往周边，或在周边城市开设窗口直接销售。特别是随着消费水平的提高和消费观念的变化，采摘游销量逐年快速增长，已成为杨梅果品销售的重要渠道。

（6）网络销售。即通过互联网进行销售。杨梅果品因不易贮藏，网络销售刚刚起步，但网络销售是现代农产品营销的重要组成部分，近年在杨梅产区已悄然兴起，其特点是宣传范围广、信息传递量大、销售成本省、销售面广、不受时间地点限制、售价高、利润空间大。这种销售方式要求果品质量好、安全卫生、包装适中。

（7）农超对接销售。即果农和商家签订意向性协议，由果农向超市、便民店等直供果品的新型流通方式，主要是为优质果品进入超市搭建平台，本质是将现代流通方式引向广阔农村，将千家万户的小生产与千变万化的大市场对接起来，构建市场经济条件下的产销一体化链条，实现商家、果农、消费者共赢，可以避免生产的盲目性，稳定果品销售渠道，减少流通环节，降低流通成本，给消费者带来实惠，销售网络健全，范围广，销售量大，但对果品的质量要求高。

主要参考文献

孙均.2008.柑橘、杨梅标准化生产技术.杭州：浙江科学技术出版社.

缪松林.2000.杨梅生产实用新技术.杭州：浙江科学技术出版社.

颜丽菊，徐春燕.2007.杨梅栽培.北京：中国农业科学技术出版社.

王沛霖.2005.东魁杨梅优质丰产技术疑难题解答.北京：中国农业出版社.

梁森苗，黄建珍，戚行江.2006.杨梅病虫原色图谱.杭州：浙江科学技术出版社.

郑永权，袁会珠.2009.农药安全使用技术.北京：中国农业大学出版社.

颜丽菊，朱潇婷，等.2014."临海早大梅"设施大棚铺设银色反光膜栽培试验研究.中国农学通报，30（16）：211－215.

颜丽菊，任海英，戚行江，等.2014.防虫帐防控杨梅果蝇及改善果实品质的研究.浙江农业学报，26（2）398－402.

颜丽菊，朱建军，戚行江，等.2014.杨梅大苗控根容器育苗基质配方优化研究.果树学报，31（4）：660－665.

金志凤，求盈盈，王立宏.2010.杨梅优质高产栽培与气象.北京：气象出版社.

任海英，戚行江，陈安良，等.2013.十种杀菌剂对杨梅凋萎病的药效评价. 果树学报, 30 (5)：848 – 853.

何桂娥, 徐春燕, 何凤杰. 2013. 杨梅枝叶凋萎病病因分析及综防建议. 浙江柑橘, 30 (3)：29 – 33.

求盈盈, 任海英, 王汉荣, 等. 2011. 杨梅突发性枝叶凋萎病发病调查与病原接种研究. 浙江农业科学 (1)：98 – 100.

黄颖宏, 俞文生, 郭志海, 等. 2013. 杨梅新品种 "紫晶". 园艺学报, 40 (4)：791 – 792.

附录一 无公害杨梅生产中禁止使用的农药品种

包括六六六，滴滴涕，毒杀芬，二溴氯丙烷，杀虫脒，二溴乙烷，除草醚，艾氏剂，狄氏剂，汞制剂，砷类，铅类，敌枯双，氟乙酰胺，甘氟，毒鼠强，氟乙酸钠，毒鼠硅，甲胺磷，甲基对硫磷（甲基1605），对硫磷（1605），久效磷，磷胺，甲拌磷，甲基异柳磷，特丁硫磷，甲基硫环磷，治螟磷，内吸磷，克百威，涕灭威，灭线磷，硫环磷，蝇毒磷，地虫硫磷，氯唑磷，苯线磷、氟虫腈等，以及国家规定禁止使用的其他农药。

附录二　生产 A 级绿色食品禁止使用的农药

种类	农药名称	禁用作物	禁用原因
有机氯杀虫剂	滴滴涕、六六六、林丹、甲氧滴滴涕、硫丹	所有作物	高残毒
有机氯杀螨剂	三氯杀螨醇	蔬菜、果树、茶叶	工业品中含有一定数量的滴滴涕
有机磷杀虫剂	甲拌磷、乙拌磷、久效磷、对硫磷、甲基对硫磷、甲铵磷、甲基异柳磷、治螟磷、氧化乐果、磷铵、地虫硫磷、灭克磷（益收宝）、水铵硫磷、氯唑磷、硫线磷、杀扑磷、特丁硫磷、克线丹、苯线磷、甲基硫环磷	所有作物	剧毒、高毒
氨基甲酸酯杀虫剂	涕灭威、克百威、灭多威、丁硫克百威、丙硫克百威	所有作物	高毒、剧毒或代谢物高毒
二甲基甲脒类杀虫杀螨剂	杀虫脒	所有作物	慢性毒性、致癌
拟除虫菊酯类杀虫剂	所有拟除虫菊酯类杀虫剂	水稻及其他水生作物	对水生物毒性大
卤代烷类熏蒸杀虫剂	二溴乙烷、环氧乙烷、二溴氯丙烷、溴甲烷	所有作物	致癌、致畸、高毒
苯基吡唑类杀虫剂	氟虫腈、锐劲特	所有作物（除卫生用、旱田种子包衣剂外）	对水生生物毒性很大
阿维菌素		蔬菜、果树	高毒

（续表）

种类	农药名称	禁用作物	禁用原因
克螨特		蔬菜、果树	慢性毒性
有机砷杀菌剂	甲基胂酸锌（稻脚青）、甲基胂酸钙胂（稻宁）、甲基胂酸铁铵（田安）、福美甲胂、福美胂	所有作物	高残毒
有机锡杀菌剂	三苯基醋酸锡（薯瘟锡）、三苯基氯化锡、三苯基氢基锡（毒菌锡）	所有作物	高残留、慢性毒性
有机汞杀菌剂	氯化乙基汞（西力生）、醋酸苯汞（赛力散）	所有作物	剧毒、高残毒
有机磷杀菌剂	稻瘟净、异稻瘟净	水稻	异味
取代苯类杀菌剂	五氯硝基苯、稻瘟醇（五氯苯甲醇）	所有作物	致癌、高残留
2，4-D类化杀菌剂	除草剂或植物生长调节剂	所有作物	杂质致癌
二苯醚类除草剂	除草醚、草枯醚	所有作物	慢性毒性
植物生长调节剂	有机合成的植物生长调节剂	所有作物	
除草剂	各类除草剂	蔬菜生长期（可用于土壤处理与芽前处理）	

以上所列是目前禁止或限用的农药品种，该名单将随国家新出台的规定而修订。

附录三　无公害杨梅生产中允许使用的农药品种

类型			名称（别名）	作用特点	备注
杀虫剂	微生物源	青虫菌	苏芸金杆菌、Bt乳剂、杀虫菌1号、菌杀敌、果菜净	人畜无害，无残毒，不伤害天敌	产品体芽孢杆菌的细菌性杀虫剂。鳞翅目、直翅目、鞘翅膀目、双翅目、膜翅目等，鳞翅目最好
		白僵菌		人畜无毒，果树安全。但对家蚕有害	一种真菌性杀虫剂
	植物源	松脂碱	松脂碱合剂、松针碱、灭蚧、固体松脂碱等	有多种药力效用。无毒或毒性极微，不污染环境，取材容易等优点	生物性与矿物性结合的松脂酸钠农药。蚧类、粉虱、螨类、鳞翅目幼虫等，枝干上的地衣、苔藓与其他附生植物，还能兼治杨梅赤衣病、枝腐病、褐腐病、干腐病等
		鱼藤酮		杀虫广谱，对环境不污染。在光和碱存在下易氧化失效，无残留	从鱼藤根淬提液结晶的植物性杀虫剂

（续表）

类型			名称（别名）		作用特点	备注
杀虫剂	植物源		烟碱		有熏蒸和胃毒作用，广谱性，残效期较短	主要成分是尼古丁
			藜芦碱	虫敌、西伐丁	低毒、低残留，不污染环境	一种中草药经乙醇淬取植物性杀虫剂
			苦参碱	苦参素	有触杀和胃毒作用。低毒性，能防治多种害虫和害螨	苦参的根、茎、叶、果经乙醇等有机溶剂淬取而成
			茴蒿素		低毒。胃毒杀虫作用	主要成分是山道年及百部碱
			川楝素	蔬果净	胃毒、触杀和拒食等作用。对人畜毒性低	
	有机合成		吡虫啉	大功臣、一遍净、速克星、海正吡虫啉、扑虱蚜、蚜虱净、咪蚜胺、灭虫精、比丹、康福多	广谱、高效、低毒、低残留，害虫不易产生抗性	一种全新超高效的氯化尼古丁杀虫剂
			马拉硫磷	马拉松、马拉赛昂	高效、低毒、广谱	一种有机磷杀虫剂
			辛硫磷	肟硫磷、腈肟磷、倍腈松、倍氰松	广谱、高效、低毒以触杀和胃毒为主，有一定的杀卵作用	一种有机磷杀虫剂
			敌百虫		低毒广谱。较强胃毒兼触杀作用	一种有机磷杀虫剂

（续表）

类型		名称（别名）		作用特点	备注
杀菌剂	微生物源	抗霉菌素	抗菌霉素120、农抗120、120农用抗生素	低毒、无残留，对果树和天敌安全，并有刺激果树生长作用，不污染环境	一种农用抗生素类杀菌剂
		多氧霉素	多抗霉素、多效霉素、保利霉素、科生霉素、宝丽安	低毒、无残留，对天敌和果树安全，对环境无污染	一种农用抗生素类杀菌剂
		井冈霉素	有效霉素	低毒、持效期长，耐雨水冲刷，不污染环境	一种碱性的农用抗生素杀菌剂
		中生霉素	农抗751	广谱、高效、低毒，无污染	
		农用链霉素	盐酸链霉素	广谱低毒；可引起皮肤过敏反应	一种放线菌所产生的代谢产物
	有机合成	菌毒清	安索菌毒清	内吸性	一种甘氨酸类的杀菌、杀病毒剂
		代森锰锌	大生M-5、喷克、新万生等	广谱、高效、低毒，病菌不易产生抗体。还能补锰、补锌	一种有机硫保护性杀菌剂
		新星	福星	内吸性。对人畜低毒，不伤害天敌、有益生物耐雨水冲刷	一种三唑类的杀菌剂

类型		名称（别名）		作用特点	备注
杀菌剂	有机合成	甲基托布津	甲基硫菌灵、甲基多保净、红日杀菌剂	广谱、低毒有保护和内吸治疗的双重作用	一种有机杂环类杀菌剂
		多菌灵	苯并咪唑44号、棉萎灵、棉萎丹	高效、低毒、内吸性较强、持效期较长等优越性	一种苯并咪唑类杀菌剂
		扑海因	异菌脲、异菌咪、咪唑霉	以保护作用为主。对人畜低毒，具广谱性	一种有机杂环类的杀菌剂
		粉锈宁	三唑酮、粉锈灵、百理通	内吸性强具有高效、低毒、低残留、持效期长等特点	一种三唑类杀菌剂
		甲霜灵	瑞毒霉、雷多米尔、甲霜安、阿普隆、瑞毒霜	内吸和渗透力很强，高效，有保护和治护作用。对人畜低毒，耐雨水冲刷，持效期长	一种苯基酰胺类杀菌剂
		百菌清	达克宁、达克尼尔	广谱，预防保护和治疗作用，有一定熏蒸作用。对人畜安全，耐雨水冲刷，持效期长	一种取代苯类的非内吸性杀菌剂
杀螨剂	微生物源	浏阳霉素		高效、低毒，杀螨谱较广，不杀伤捕食螨与其他天敌。害螨不易产生抗性	一种农用抗生素类杀螨剂
		阿维菌素（国内称：齐螨素）	商品名：海正灭虫灵、爱福丁、7051杀虫素、阿巴丁、农哈哈、虫螨克、阿维虫清等	高效、低毒、广谱，害虫不易产生抗性。对天敌较安全	一种农用抗生素类杀虫、杀螨剂

（续表）

类型		名称（别名）		作用特点	备注
杀螨剂	微生物源	华光霉素	日光霉素、尼柯霉素	高效、低毒、低残留，对果树无药害，对天敌安全	一种杀螨兼杀真菌活性的农用抗生素
	有机合成	克螨特	丙炔螨特、杀螨净、敌螨、汰螨乐	高效、低毒、广谱具有触杀和胃毒作用，害虫不易产生抗性	一种有机硫杀螨剂
		尼索朗	噻螨酮、NA-73	具有触杀和胃毒作用，耐雨水冲刷，对人畜低毒。残效期较长	一种对螨卵和幼螨杀伤力极强，不杀成螨的专用杀螨剂
		螨死净	阿波罗、四螨嗪	除成螨外，对卵、幼螨的杀伤力较高。对人畜低毒，持效期长	一种高度活性的专用杀螨剂
昆虫生长调节剂		卡死特	灭幼脲、灭幼脲3号	能抑制昆虫表皮几丁质的合成，使幼虫不能正常蜕皮而死亡。对人畜毒性低，对天敌杀伤力小	一种昆虫生长调节剂
		卡死克		抑制害虫和螨类表皮几丁质合成。高效、低毒	一种酰基脲类昆虫生长调节剂
		扑虱灵	噻嗪酮、优乐得、稻虱净、环烷酮、环烷脲、NNT-750	以触杀作用为主，兼有胃毒作用。高效、低毒	一种选择性的昆虫生长调节剂
		除虫脲	敌灭灵	胃毒和触杀作用。对人畜安全	

（续表）

类型		名称（别名）		作用特点	备注
矿物源杀虫剂、杀螨剂、杀菌剂	石油乳剂系列	蚧螨灵	石油乳剂或机油乳剂	无毒、安全，对害虫抗性小对寄生蜂、瓢虫、草蛉杀伤力较低	蚧螨灵
		绿颖	"喷淋油"	高效、低毒。不破坏生态环境，对天敌杀伤力低。不刺激其他害虫大发生，对害虫不产生抗性。能提高果实外观品质	一种控制害虫、害螨和病害的矿物油乳油
		敌死虫	是加德士敌死虫的简称	高效、低毒，对人畜安全，环境无污染。对害虫无抗性，持效期长	一种有机农药
	松焦油系列	腐必清	松焦油原液	渗透性强，耐雨水冲刷，药效长。真菌性病害有防除作用	
	石硫合剂系列	石硫合剂	硫磺石灰。是石灰硫磺合剂的简称	杀螨、杀虫、杀菌等多种效用对人畜安全，无残留不污染环境，不易产生抗性	硫磺粉1千克、生石灰0.5千克，水5千克经熬煎而成的液体。其有效成分是多硫化钙
		晶体石硫合剂			硫磺、石灰和水在金属触媒作用下，经高温、高压加工成的固体剂型
		胶体硫	硫悬浮剂		硫磺粉经特殊加工成的胶悬剂

（续表）

类型		名称（别名）		作用特点	备注
矿物源杀虫剂、杀螨剂、杀菌剂	铜制剂系列	波尔多液	有等量式、倍量式、半量式、多量式等不同配量的波多尔液	杀菌广谱、持效期长，病菌无抗性。对人畜低毒	硫酸铜、生石灰加水自行配制的保护性杀菌剂
		铜高尚		杀菌力强、悬浮性好、耐雨水冲刷、安全、低毒	一种超微粒的铜制剂
		可杀得		黏附性强，耐雨水冲刷，对人畜安全	一种新型的铜基杀菌剂
		碱式硫酸铜		分散性好，耐雨水冲刷，对人畜安全	一种粒质细小的保护性低毒杀菌剂
		混合二元酸铜	琥珀胶酸铜、DT混剂	广谱性、低毒	一种保护作用的杀菌剂
		络氨铜	胶氨铜、消病灵、瑞枯霉	易溶于水，对人畜低毒，黏着性好	一种有机铜杀菌剂
		松脂酸铜	海宇博尔多	高效、低毒、持效期较长的广谱性	一种新型杀菌剂
		必备		杀菌广谱、持效期长、黏着性好，对人畜安全	一种新型杀菌剂

附录四 生产 AA 级绿色食品的使用农药准则

1. 在生产 AA 级绿色食品上可允许使用如下农药及方法

（1）经过绿色食品认证机构认证的 AA 级绿色食品生产资料农药类产品。中等毒性以下植物源杀虫剂、杀菌剂、拒避剂和增效剂。如除虫菊素、鱼藤根、烟草水、大蒜素、苦楝、川楝、芝麻素等。

（2）释放寄生性、捕食性天敌动物，昆虫、捕食螨、蜘蛛及昆虫病原线虫等。

（3）在害虫捕捉器中使用昆虫信息素及植物源引诱剂。

（4）使用矿物油和植物油制剂。

（5）使用矿物源农药中的硫制剂、铜制剂。

（6）经专门机构核准，允许有限度地使用深入分析微生物农药，如真菌制剂、细菌制剂、病毒制剂、放线菌、拮抗菌剂、昆虫病原线虫、原虫等。

（7）经专门机构核准，允许有限度地使用家用抗生素，如春雷霉素、多抗霉素（多氧霉素）、井冈霉素、农抗120、中生菌素、浏阳霉素等。

2. 禁止使用有机结合成的化学杀虫剂、杀螨剂、杀菌剂、杀线虫剂、除草剂和植物生长调节剂

3. 禁止使用生物源、矿物源农药中混配有机合成农药的各种制剂

4. 严禁使用基因工程品种（产品）及制剂

附录五　临海杨梅栽培周年管理技术要点

管理农时	栽培技术		备注
	病虫害防治	农业措施	
2月上旬至3月上旬	清园：2月上旬喷3°~5°石硫合剂； 梢枯病：发病后剪除丛生枝和枯死枝，并及时喷0.1%无水硼砂加0.2%尿素； 小叶病：喷0.2%硫酸锌加0.3%尿素水溶液，或在早春视树大小，地面撒施硫酸锌20~100克； 赤衣病、地衣：2月底至3月5日前，树干喷10倍液松碱合剂	施肥：衰弱结果树株施草木灰15千克或硫酸钾0.5~0.75千克。生长旺盛的树不施； 幼树拉枝，开张树冠； 修剪：花量过多的弱树，疏删细弱密生的花枝，衰老树树冠更新； 做好杨梅种植、小苗嫁接和高接换种	花期禁止喷施松碱合剂
3月中旬至4月中旬	白蚁：（4月至10月气温20℃以上易为害）采用灭白蚁膏剂，蚁路灭杀；或用48%乐斯本1 000倍液加1%红糖液喷草后，堆草诱杀；或用2.5%天王星乳油600倍液加1%红糖液浇施根部； 赤衣病：树干喷50%退菌特800倍液或65%代森锌600倍液。发病严重的用刷刷净树干再喷药，隔20天再喷1次； 癌肿病：剪除病枝或刮除病瘤后涂402抗菌剂50~100倍液或硫酸铜100倍液； 谢花后喷1次杀菌剂加杀虫剂减轻病虫害发生	继续做好小苗嫁接与高接换种； 保花保果：生长旺盛的树应及时疏控早春梢，树盘刨土断根等，提高坐果率 叶面追肥：花蕾期喷0.2%硼砂加0.2%磷酸二氢钾； 播种夏绿肥	

（续表）

栽培技术			备注
管理农时	病虫害防治	农业措施	
4月下旬 至 5月上旬	继续防治癌肿病、白蚁； 肉葱病：以综合措施防治为主，以满足树体钾、硼、钙、锌等元素需求，生长旺盛果园，控制施肥，培养中庸树势。幼果期喷低浓度九二○或喷600~800倍液高美施2~3次； 褐斑病：喷75%蒙特森水分散粒剂600~800倍液或75%百菌清可湿性粉剂500~800倍液等； 卷叶蛾：喷20%甲氰菊酯乳油1 500倍液或25%灭幼脲3号乳油1 500倍液或20%虫酰肼悬浮剂1 000倍液； 粉虱：喷5%啶虫脒乳油1 500倍液或10%吡虫啉可湿性粉剂2 000倍液	根外追肥：喷射1%过磷酸钙浸出液、绿芬威（1号或2号）1 000倍液或富万钾600~900倍液等； 疏果：第一次疏去劣果、密生果、小果，每条结果枝留4~6果；果实横经1厘米左右时，再次疏果，每枝留2~4果； 追施壮果肥：4月下旬视挂果量，株施硫酸钾0.25~1千克。挂果少、树势强的不施	注意： 1. 一次性疏果不能太多，否则加剧肉葱病、裂果病发生； 2. 壮果肥不能太迟，否则果实不会成熟或推迟成熟
5月中旬 至 5月下旬	卷叶蛾、癌肿病：继续做好防治。卷叶蛾药剂选用20%康宽（氯虫苯甲酰胺）6 000倍液或20%虫酰肼悬浮剂1 000倍液等； 蚧类：结果树，第1代若虫孵化盛期正值果实膨大期，建议不宜喷药；幼年树用20%杀扑磷800~1 000倍液防治； 褐斑病：继续做好防治，药剂可用百菌清600~800倍液或50%苯甲·丙环唑悬浮剂3 000倍液或25%嘧菌酯悬浮剂1 000~2 000倍液； 果蝇：5月中旬单株挂防虫帐； 天牛：捕杀成虫	继续疏果； 选择绿芬威1号1 000倍液或富万钾1 000倍液或易收800~1 000倍液等营养液进行根外追肥	结果树注意农药安全间隔期

（续表）

管理农时	栽培技术		备注
	病虫害防治	农业措施	
6月上旬至6月下旬	根腐病：分青枯和慢性衰亡型两种。采果后对初发或中等偏轻植株土施70%托布津或50%多菌灵或高锰酸钾0.25～0.5千克/株或根部扒土浇灌402抗菌剂50～100倍液或菌根消加活性促根剂，树冠喷杀菌剂、营养液；金龟子：可用杀虫灯或糖醋诱杀成虫，采后喷5%氯氟氰菊酯1 000～1 500倍液；果蝇：6月上旬至采收结束用黄板或诱蝇纸（绳）或诱杀剂，诱粘、诱杀成虫；白腐病：果实转色期，喷山梨酸钾600倍液	定果：上旬视树势、品种而定，东魁平均每个结果枝留1～2果，树冠外围粗壮结果枝留3～4果，中果枝留2～3果，短果枝留1果；采前割刈绿肥，清理园地柴草；成熟杨梅及时采收，在清晨或傍晚采摘，做到选红留青随熟随采，分批采摘，分级包装上市；采后立即施肥，成年树株施饼肥2～3千克加焦泥灰10千克（或硫酸钾0.5～1千克），树势弱加尿素0.25～0.5千克。树势强可以不施采后肥或推迟到11月至翌年2月施	结果树注意农药安全间隔期
7月上旬至7月下旬	蛾类：若虫期喷7.5%氯氟·啶虫脒1 500倍液或48%乐斯本1 000倍液（兼治蚧类、粉虱类）；褐斑病：采后继续防治，药剂同上；蚧类：下旬用机油乳剂250～300倍液加杀灭菊酯3 000倍液，或速扑杀1 000倍液防治；黑胶粉虱：选用20%啶虫脒2 000倍液	继续施采果肥，要求上旬完成；新种植杨梅及时覆盖做好抗旱；喷多效唑：生长旺盛、结果少或不结果的树，在夏秋梢长3～5厘米时，喷15%多效唑250～300倍液或5%烯效唑200倍液整枝修剪：疏剪高大直立大枝，密生枝，并注意伤口保护，对侧枝角度小的进行拉枝，以促进树冠开张，通风透光	病树或生长势弱或结果正常的树不宜喷施多效唑。气温35℃以上，不宜喷机油乳剂，以防药害

（续表）

管理农时	栽培技术		备注
	病虫害防治	农业措施	
8月上旬 至 9月上旬	继续防治蛾类、蚧类：药剂同上。喷1~2次；台风后及时喷杀菌剂、营养液，促进树势恢复	抗旱：树盘盖草防旱，有条件的地方实行喷、浇灌抗旱； 防台抗台：台风前加固树体，地膜覆盖。台风后扶树理枝； 叶面追肥1~2次，促进夏梢老熟	
9月中旬 至 10月上旬	赤衣病：药剂同上； 蚧类：视虫情适时选药继续做好防治； 诱杀白蚁：方法同上	控制秋梢萌发，采取抹芽摘心或秋梢刚萌发时喷15%多效唑250~300倍液； 继续防台抗灾	
10月中旬 至 1月下旬	清园：修剪结束后，树冠（包括树干）喷3~5波美度石硫合剂； 根外追肥：10月，树冠喷施钼肥，促进叶片转绿增厚。修剪结束后，树冠喷施0.2%硫酸锌加0.3%磷酸二氢钾加0.2%硼砂（酸）液	杨梅种植准备，做好开山、整地、挖穴； 成年杨梅园深翻。幼年树扩穴改土； 施肥：采果后未施采果肥，11月至翌年2月视树势适施肥料； 培土护根； 冬季修剪：以剪小枝为主。剪除直立枝、枯枝、病虫枝、细弱枝、密生枝、晚秋梢，删除或短截徒长枝； 播种冬绿肥； 清扫枯枝落叶，集中烧毁	低温、冻害来临前后，不宜修剪，否则剪口附近枝叶、芽易受冻